四大名著话气象

王元红　编著

气象出版社
China Meteorological Press

图书在版编目（CIP）数据

四大名著话气象 / 王元红编著 . -- 北京 : 气象出版社 , 2021.6 (2024.11 重印)
ISBN 978-7-5029-7459-6

Ⅰ . ①四… Ⅱ . ①王… Ⅲ . ①气象学－普及读物
Ⅳ . ① P4-49

中国版本图书馆 CIP 数据核字 (2021) 第 107915 号

Si Da Mingzhu Hua Qixiang
四大名著话气象

出版发行 : 气象出版社
地　　址 : 北京市海淀区中关村南大街 46 号　　邮政编码 : 100081
电　　话 : 010-68407112（总编室）　010-68408042（发行部）
网　　址 : http://www.qxcbs.com　　E-mail : qxcbs@cma.gov.cn
责任编辑 : 宿晓凤　　终　　审 : 吴晓鹏
责任校对 : 张硕杰　　责任技编 : 赵相宁
封面设计 : 郝　爽
印　　刷 : 北京地大彩印有限公司
开　　本 : 889 mm×1194 mm　1/24　　印　　张 : 6
字　　数 : 96 千字
版　　次 : 2021 年 6 月第 1 版　　印　　次 : 2024 年 11 月第 3 次印刷
定　　价 : 32.00 元

自序

中国古典长篇小说四大名著（以下简称“四大名著”）是我国的国粹，是我国优秀文学著作的代表，很多人都读过。作为一个文学爱好者，我不止一次读过，也在不同时间段读过，不同阅历、不同角度，能够读出不同的味道。

“四大名著”作品中描述的故事，已经广为人知，但当我们转换一个角度再去看这四部伟大的文学作品时，依然能够读出一些新意来，依然能够有一些新的收获。从气象的角度去看“四大名著”，又有什么不一样呢？

有重大发现，确实有，这一点毋庸置疑，当你读完这本书之后，你就能够感受到这一点。

从气象专业的角度解读“四大名著”，这一工作在国内也有一些学者做过，但多是杂志上发表的个别文章，一是数量少，二是不系统，三是比较分散，四是深入度不够，难以形成一个完整的视角。而用一本书，全面深入地探讨“四大名著”当中涉及的气象内容，并对这些内容进行深入剖析，再加上使用的是科普的语言，朴素平实，浅显易懂，读起来就有一种饶有趣味的爽快之感了。

我还是举几个例子来说吧。

《三国演义》里火烧赤壁的故事可以说妇孺皆知了，“万事俱备，只欠东风”。那么，诸葛亮就真那么神吗？他有没有掌握一些天气变化的规律呢？诸葛亮会不会是借助经验预报了天气却假称作法呢？曹操难道就不知道船连在一起会被火烧么？他是真傻还是装傻呢？

《西游记》里龙王和算卦先生有一次较量。降雨量的大小，到底是龙王说了算，还是算卦先生说了算呢？这似乎有点无聊，但很好玩耶，《西游记》是一本好玩的书。

《水浒传》里杨志碰上的热天，又是怎么一个热法呢？为什么这么热呢？这么热的目的到底是要干什么呢？炎热的天气到底在故事的发展中起到了多大的作用呢？

《红楼梦》里妙玉给贾母泡茶的时候用的是雨水，为啥不用泉水呢？而给宝玉、黛玉和宝钗泡茶的时候没有用雨水，而是用了雪水，这又是为什么呢？

是不是勾起了你的一点兴趣呢？如果感兴趣，那就赶快阅读吧。

哦，差点忘了，这本书历时 5 年时间，过程当中经历了很多波折和意外，最终才得以正式出版。气象出版社的编辑和领导都非常重视，非常用心，在此深表感谢。

当然，各位读者朋友，当你们读完此书后，有什么好的建议和意见，也可以和我进行交流，但愿这本书只是一个开端，让我们一起努力，深挖下去，看看“四大名著”里还藏着哪些气象秘密。

王元红

2021 年 5 月

目录

《三国演义》里探气象

火烧赤壁是一场典型的气象战争

在我国历史上，火烧赤壁是一场非常重要的战争，是以少胜多、以弱胜强的著名战例。这场战争，致使曹操失去了统一中国的机会，促进了三足鼎立局面的形成。关于这场战役，很多文学作品都有反映，最著名的就是苏东坡的《念奴娇·赤壁怀古》："羽扇纶巾，谈笑间，樯橹灰飞烟灭。"李白在《赤壁歌送别》中写道："二龙争战决雌雄，赤壁楼船扫地空。烈火张天照云海，周瑜于此破曹公。"

从气象的角度去分析，不难看出，这实际上是一场气象战争，吴蜀联盟正是利用对天气变化形势的准确分析和判断，才最终获得了胜利。其中起到关键作用的气象要素就是“风”。成语“万事俱备，只欠东风”成为这场经典战役的代名词，被大家广泛知晓。

战争背景

刘表死后，刘琮继位，依附刘表的刘备无力抵抗曹操，只得逃跑，逃得很狼狈。面对咄咄逼人的曹操，孙权心里也发虚，在这样的境况下，两个人开始联手，共同对付曹操。

关于两军的数量，曹操号称有 80 万大军，这并没有被历史学家们所认可，最终的考证结果是 18 万左右，相对比较可信。刘备和孙权联手，在人数上仍然远远少于曹操的大军，因此这是一场以少敌多的战争。能够打赢这场战争，天时、地利、人和都很重要，其中天时是至关重要的因素。

埋下隐患

曹操作为统帅，带兵打仗算得上是行家里手，行动速度也非常快，甚至在刘备还没反应过来的时候，就已经把荆州占领了，刘备只能仓皇逃遁。

曹操所带领的部队，基本上都生活在北方，都是“旱鸭子”，属于陆军，在平原、山川作战没有问题，但对于水上作战就很不在行了，不光没有经验，连作战能力都没有。荆州投降的军队中，是有一些水军的，但数量不多，而且有很多军队还要担任戒备和守护任务。

在训练水军时，曹操任命的是蔡瑁和张允，都是很不错的将领，但是因为蒋干中了周瑜的反间计，致使曹操起了疑心，竟然将两位水师将领都杀了。这对曹操来说，是很大的损失。

接下来，怎么办呢？善于陆地作战的曹军，却要面对水上作战，而善于训练水军的两员大将又被多疑的曹操冒失地杀了，无奈之下，曹操做出了一个选择，把战船连起来。很多的船连接起来，就有点儿像航母了，上面可以踢足球。对于陆军来说，在这么宽阔的地方行走、作战还是可以的。这么一来，曹操似乎保持了优势，弥补劣势，但是，这一举措为后来的火烧战船埋下了隐患。

火攻策略

针对曹操采取的措施，周瑜这边也采取了应对措施。

周瑜手下有一位将领，叫黄盖，他对周瑜说：“如今敌众我寡，难以长期相持。曹军正把战船连在一起，首尾相接，可以用火攻，击败曹军。”是啊，火攻的条件具备了，火攻的策略就顺其自然地被提出来了。

这确实是一个好办法。那时候的船都是木船，一场大火烧起来，连在一起的船就都被烧着了，在船上的人跑也跑不迭，就算跑了，跳下水去，曹军中很多人都是“旱鸭子”，也会被淹死。

策略的实施

火攻策略确定后，周瑜就开始实施。他们选了10艘战船，装上柴草，又浇上油，外面裹上帷幕，上面还插上旌旗，预先备好快艇，系在船尾。

一切准备妥当之后，黄盖联合周瑜用了诈降计。黄盖给曹操写信，假意准备向曹操投降。

此时，正所谓“万事俱备，只欠东风”。不久，东南风便刮起来了，而且风力不小。

于是，装有柴草的 10 艘战船排在前面，其他大军紧随其后，吴军悄悄行进。船队一直到达江心的时候，才升起了船帆。曹操的军队以为吴军是来投降的，一点儿作战的准备也没有。就在离曹操的军队大约 1 千米的地方，10 艘船上的柴草被点燃，在强劲的东南风的助力下，熊熊燃烧的火船迅猛地向曹操的战船扑了过去。

结果可想而知，曹操损失了将近一半的兵力，惨败！

这就是历史上著名的火烧赤壁之战。

没有东南风行不行？

在火攻策略中，如果不是东南风，而是其他风向，行不行呢？如果没有风，能不能借助其他力量完成这次攻击任务呢？在这场战争中，风是不是决定性的因素呢？

接下来我们就对这次战争的气象因素进行深入分析。

在战国时期，我国就出现风帆技术了，到汉代已发展成熟。三国时期，帆船技术又得到了进一步的发展，造出了卢头木叶制成的帆，可以有效利用侧向风。

如果没有风，将船放置在一个恰当的位置，依靠水流的冲力，也可以使船漂流到既定地点。

也就是说，如果吹的不是东南风，甚至一点儿风都没有，照样也可以完成攻击任务。但在风向不正确或者没有风的情况下，攻击的效果就要大打折扣了。

要达到“曹军伤亡过半”的效果，不仅需要东南风，还需要速度较快的风力。可以说，在这场战争中风是最为关键的因素。

如何借东风?

我们都知道，曹操可是一代枭雄，他难道不知道敌人会用火攻吗?他就这么蠢吗?还真不是！在将船连起来的时候，有人提出了这样的疑问，曹操也考虑到了这一点，但他说：“凡用火攻，必借风力。方今隆冬之际，但有西风北风，安有东风南风耶?吾居于西北之上，彼兵皆在南岸，彼若用火，是烧自己之兵也，吾何惧哉?”是啊，正是隆冬季节，吹的都是西北风，怎么会吹东南风呢?这话没错，我是在西北长大的，对冬天刀子似的西北风有刻骨铭心的记忆。冬天刮西北风似乎成了一种规律，但那毕竟是西北地区，不是南方。

南方冬天会刮东风、南风吗?东南风到底是谁预测出来的?如何判断在这个时候会出现所需要的风向呢?

其实，火攻策略是黄盖提出来的，但《三国演义》塑造的重点人物是诸葛亮，所以就把这个功劳给了诸葛亮。也就是说，风是诸葛亮预报出来的，而且还神乎其神，是诸葛亮通过作法借来的东风。

诸葛亮能够观星象、测天文，而且长期隐居在襄阳隆中，对湖北和长江中游地区的天气、气候特征比较熟悉，算得上是当时较为专业的“天气预报员”，推测预报赤壁一带出现东南风的可能性还是比较大的。

在荆襄一带，西北风是冬天的主导风向，这是由整个大气环流的特征决定的，但一般情况之外，还会出现特殊情况，那就是此地每年总要有一两次吹东南风的天气。时间不长，仅仅两三天。当西北风要掉转成东南风时，天气就发雾回暖，闷湿。诸葛亮就是根据这一天气

特点，事先预报出这几天要刮东南风了，后来又经过仔细推算，确定在冬甲子这一天有东南风。所以，他才满口答应周瑜，为其借东风。其实，东风不是作法得来的，而是利用经验做出的天气预报。

现代气象的解释

前文所讲的是历史上的一场战争，那么在现代气象理论中，是如何解释荆襄一带刮东南风这一现象的呢?

长江中游地区属于典型的亚热带季风区，冬季主要吹北风，夏季主要吹南风。

隆冬时节，一段连续晴好天气之后，控制长江中游地区的地面冷高压逐渐改变原有的北方干冷空气性质，使大气变得又暖又湿，因而容易盛行东风，长江江面上的西北风也会迅速逆转为东南大风。紧接着，北方冷空气南下，冷暖空气交汇，形成大雨，风向又会转为北风。这期间，东南风持续的时间不到 12 小时，往往被人们忽略，但这一规律却被诸葛亮掌握了。

气象专家对赤壁近 30 年的气象资料进行统计，结果显示：冬季出现主导风向北风的概率约为 50%，出现东南风的概率只有 3%，南风是 4%，东风是 7%。

尽管概率很小，但并不是没有机会，掌握规律就相当于获得了“天机”，抓住这样的机会，为取得战争的胜利增添了“筹码”。

草船借箭中的大雾

草船借箭已经成了一个家喻户晓的故事，这次所使用的计谋，是以大雾作为主要的天时，向敌军借到了 10 万支箭。这一策略，在增强了己方装备和战斗力的同时，削弱了敌方的实力，可谓一举两得。

草船借箭的故事

《三国演义》中草船借箭的故事是这样的：孙权和刘备联合抵抗曹操。周瑜有点儿小肚鸡肠，有一种说法“既生瑜何生亮”，他想为难诸葛亮，于是让诸葛亮在 10 天内制造出 10 万支箭，这项工作是很有难度的。不料诸葛亮却说，不用 10 天，3 天就可以了。

是什么让诸葛亮有这么大的底气呢？

诸葛亮从周瑜的部下鲁肃那里借了 20 只船，每只船上有 30 名军士，船只全用青布幔子遮起来，上面绑了 1000 多个草把，分别竖在船的两舷。

第一天，诸葛亮没有动静。

第二天，诸葛亮还是没有动静。

第三天，诸葛亮叫鲁肃去取箭，鲁肃很纳闷，大家也都很纳闷。

这 20 只船连夜出发，到了曹操的营寨附近，一字排开，在浓雾的掩盖下，船上的军士开始击鼓、呐喊。如此大的浓雾，曹操不敢贸然进攻，于是调集了 1 万多人，开始向江中胡乱射箭。这时，诸葛亮并没有退兵，反而向曹营靠拢，并加大了击鼓和呐喊的力度，乱箭射来，全插在了布幔和草人身上。船的一面插满了箭，诸葛亮便下令把船调过来，将另一面也插满，然后兴冲冲地离开了，走之前还喊了一声：“谢谢啊，曹丞相！”

诸葛亮被鲁肃和大家称为神人，周瑜也觉得自愧不如，不服不行啊。诸葛亮咋就那么神呢？他怎么知道 3 天之后会有大雾天气呢？

大雾之谜

这里，我们需要对草船借箭中起决定性作用的大雾进行一番认识，到底是什么样的一种雾，能够协助诸葛亮在一两个时辰之内获得 10 万支箭呢？

《三国演义》中是这样描述的：那天晚上，大雾漫天，长江之上，雾气更大，人和人面对面都看不到。诸葛亮催促着船只向前走，果然是好大一场雾啊！

这还不够，作者罗贯中还用一首《大雾垂江赋》浓墨重彩地描写了这场非常罕见的大雾：让白昼变成了黄昏；鸟和鱼都躲藏起来无影无踪；即使近在咫尺，也无法辨认对方是谁。好大的雾，好浓的雾啊！能见度极低，应该在 10 米以内。以现在的天气观测标准判断，绝对是浓雾。

诸葛亮正是准确预测了这次大雾天气，才敢夸下海口，也才敢断定曹操不会贸然出击，只是用箭乱射一通，也因此获得了 10 万支箭。

为什么没有使用火箭呢？

很多人对草船借箭的故事作出了各种猜测和判断，甚至有人提出，对于吴军这种进攻方式，曹操应该使用火箭来应对。

这确实是一个很好的主意，尽管因大雾天气不能贸然出击，但是射出去一定数量的火箭，诸葛亮组织起来的 20 只船在短时间内便可化为灰烬。虽然在大雾天气里，空气湿度很大，几乎接近 100%，但草垛和布幔还是很容易被火箭引燃的。

为什么曹操没有使用火箭攻击对方呢？很多读者发起讨论，列举了曹操没有使用火箭的理由。

理由一：有人进行了考证，有关火箭使用的最早记载是在公元 228 年，《魏略》中有记载："昭于是以火箭逆射其云梯，梯燃，梯上人皆烧死。"而草船借箭是公元 208 年发生的，相差了 20 年的时间。

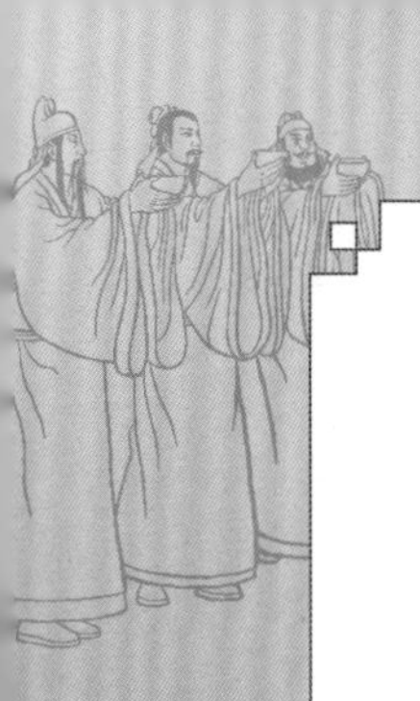

另外，火箭在军事上的广泛使用，普遍认为是在宋朝真宗年间，也就是公元 1000 年左右，相差就更远了。也就是说，发生草船借箭这次战役的年代，火箭还没有出现，至少还没有被大规模使用，所以，曹操没有使用火箭。

理由二：既然是火箭，箭头上就要涂抹一定的易燃品，这就会形成一定的安全隐患，由于运输和存储火箭有很大的困难，所以，火箭的使用基本上是现做现用，诸葛亮组织的虚张声势的船队突然间就到了面前，曹操他们来不及准备火箭。

理由三：与普通的箭相比，火箭穿透力比较差，射程也短，在当时的战争中较少使用，加上击鼓声和呐喊声导致对敌军位置的判断很不准确，所以当时曹操未能使用火箭。

理由四：在使用火箭时，旁边会放置一个火盆一样的点火装置，在大雾天气或者晚上能见度很低的情况下，这些火盆产生的光亮很容易暴露自己的位置，反而成为敌军的靶子，因为曹军并不知道对方到底来了多少人，有些什么兵种，所以不能使用火箭。

当然，还有其他的理由和见解，这里不再赘述。大家给出的这些理由，都有一定的道理。无论哪一个理由，都可以让曹操在这次仓促的应战中没有选择使用火箭，从而让诸葛亮草船借箭这一策略得逞。

争议：到底是谁的智慧？

关于草船借箭这个利用气象武器来赢得战争胜利的谋略，到底是诸葛亮的智慧还是周瑜的智慧，在历史学著作中还有很多的争议。

由于塑造人物形象的需要，《三国演义》的作者罗贯中把草船借箭这件事情的创意全部归为诸葛亮，而且还进行了背景渲染，说周瑜要求诸葛亮在 10 天内造 10 万支箭，而诸葛亮说只要 3 天，这就让诸葛亮成了大神一样的人。诸葛亮最后说："我命系于天，公瑾焉能害我哉！"也就是说诸葛亮自己都觉得有通天的本事。鲁肃则说："先生真神人也！"就连周瑜最后也说："孔明神机妙算，吾不如也！"大家都觉得诸葛亮是神人，于是诸葛亮这个大神级的人物便塑造起来了。

《全相平话三国志》中有这样的记载："周瑜用帐幕船只，曹操一发箭，周瑜船射了左面，令扳掉人回船，却射船的右边。移时，箭满于船，周瑜回，约得数百万只箭。周瑜还道：丞相，谢箭。"这段文字说明历史上确实有草船借箭的故事，但都是周瑜一手操办的，没有诸葛亮什么事，借到的箭也不是 10 万支，而是 100 万支。

而且，在正史关于诸葛亮的传记中，都没有提到草船借箭这件事情，这么重要的事情，在传记中只字未提，由此可以推断：罗贯中在写作《三国演义》时，为了人物塑造的需要，将周瑜草船借箭的功劳划拨给了诸葛亮，使得这个人物的智慧达到传奇的地步。

真相到底是什么？还需要史学家们找到更确切的证据来论说。

关于雾的常识

回到这场战争的主角——大雾。要想搞清楚大雾，就需要对雾的知识有一些基本的了解。

在水汽充足、微风及大气层稳定的情况下，相对湿度达到 100% 时，空气中的水汽便会凝结成细微的水滴悬浮于空中，使地面的水平能见度下降，这种天气现象称为雾。

雾分为辐射雾、平流雾、蒸发雾、上坡雾、锋面雾、混合雾、烟雾、谷雾和冰雾 9 种。多数情况下，我们见到的是辐射雾和平流雾。

辐射雾是由辐射冷却形成的，大多出现在晴朗、微风、近地面水汽比较充沛且比较稳定或有逆温存在的夜间和清晨。

平流雾是暖而湿的空气做水平运动，经过寒冷的地面或水面，空气中的水蒸气逐渐受冷液化而形成的。

雾的形成必须满足两个基本条件：一是湿度要足够大，最好是 100%；二是风速要足够小，最好是没有风。

雾多出现在深秋或初冬的早晨。

诸葛亮到底是如何预测大雾的?

《三国演义》中的诸葛亮果真是一个大神一样的人吗?让我们从科学的角度来分析这个问题。

按照现在的科技水平，要对大雾出现的时间和雾的级别进行准确预报，并不是一件太难的事情，毕竟有很多的监测站点，还有多年积累下来的大气科学理论和预报方法及经验。对于一个当地的预报员而言，要推算出当地出现大雾的概率还是比较容易的。

问题在于，诸葛亮是古代人，赤壁之战发生在公元 208 年，距今 1800 多年前，那就有点儿厉害了，甚至可以说是一件神奇的事情。更为神奇的是，诸葛亮不仅知道会出现大雾，而且准确地预测出是在 3 天之后出现。

让我们来剖析，诸葛亮到底是怎么做到的?

其一，地域。赤壁一带，南有九连山脉，西有大巴山，东北有大别山，属于盆地中的平原地区。当移动性的天气系统到达赤壁时，水汽就会不断地蓄积，形成雾的第一个条件具备了，即充足的水汽。如果风小，空气层结就比较稳定，湿度会持续增加。夜间，来自山坡上的冷空气又聚集到了盆地，进一步加剧了空气的冷却，使得空气中更多的水蒸气变成水滴或雾滴，于是在夜间就会形成辐射雾。也就是说，由于地域特征，这个地区形成大雾的概率比较大。

其二，经验。诸葛亮是荆襄一带人，从小在这里长大，对这一带的天气和气候是非常熟悉的，而且他天资聪颖，能够根据天气的不同变化，凭借自己的经验，对即将发生的大雾天气作出相对准确的预报。

其三，天气。荆襄一带，每年的冬天，基本上也是刮西北风，但总有一两次刮东南风的天气，时间不会太长，也就两三天的时间。每当西北风要掉转成东南风时，天气就会回暖，大气层结稳定，而且闷湿，容易形成大雾。

在向周瑜摊牌之前，诸葛亮已经有了上述地域、经验和天气方面的判断和知识储备，心中基本上对天气的变化作出了预测，他已经推断出东南风将刮起来，暖湿的空气会在盆地汇聚。到了夜间，太阳辐射减弱，雾就很容易生成，一直到第二天太阳出来之后才逐渐散去。基于此，诸葛亮才能够有底气向周瑜作出承诺，并且最终实现了自己的承诺，借回了 10 万支箭。

在这里，我们还要回过头来再看一看这件事情。

诸葛亮是被罗贯中作为神一样的人物来塑造的。依据当时的地域和天气变化等，可以判断 3 天后出现大雾是一个大概率事件，诸葛亮凭借知识、经验和智慧抓住时机，在这次事件中大出风头，使草船借箭成为我国著名的历史故事之一。

即便是到了现在，我们能够利用气象卫星和探测站点，基本掌握全球的大气变化，但预报天气依然不能做到百分百准确。这是因为，影响大气的因素太多，导致大气瞬息万变，百分百的准确是一个目标，但很难做到。

诸葛亮火烧葫芦峪是一场失败的气象战争

《三国演义》第102回，诸葛亮第六次出发去祁山，准备攻击司马懿营寨，在出门之前，他还去进行了祭拜，说道："臣亮五出祁山，未得寸土，负罪非轻！今臣复统全师，再出祁山，誓竭力尽心，剿灭汉贼，恢复中原，鞠躬尽瘁，死而后已！"可见，诸葛亮也是拼了，他既想给先主有个交代，也希望给自己传奇的一生画一个圆满的句号。这场面有一种悲壮感，但真的会天遂人愿吗？

在此次出兵祁山的过程中，有一场著名的战役，叫火烧葫芦峪，利用了气象的有利因素，却也输在了气象的不利因素上，可谓"成也气象，败也气象"，把气象的正反两面在同一场战争中的作用淋漓尽致地展现出来。

葫芦峪是一个奇特的地方

葫芦峪是著名的三国古战场，因为其形状如同葫芦一般，故而得名。葫芦峪南望秦岭，北接渭水，岸边千亩鱼池，绿树掩映，塬高谷狭，起落间自有气势，沟旁绿树摇曳，悬崖间古人曾居住过的窑洞依然可辨，谷口半崖上的黑色石层，依稀可见古战场的火烧残迹，当年兵家的晒粮家依然凸现，近两年这里出土的兵器，也映证了这里所拥有的文化意义。

现在的葫芦峪成了陕西省眉县重要的旅游景点，成了人们缅怀历史、发出无限感慨的地方。在当时对于诸葛亮来说，这里是一个实施战争的地方。之所以在这里打仗，是因为葫芦峪奇特的地形。

当时蜀军和魏军的战争处于胶着状态，于是诸葛亮带人去查看地形。“忽到一谷口，见其形如葫芦之状，内中可容千余人；两山又合一谷，可容四五百人；背后两山环抱，只可通一人一骑。”

诸葛亮看了心里很高兴，便问向导官：“这是什么地方？”

向导官回答说：“此名上方谷，又号葫芦谷。”

这名字起得很形象，葫芦大家不一定见过，但乐器葫芦丝大家应该见过。底子很大，很宽敞，口子却很小。这样的地形，是打仗的最佳地点，试想一下，把敌人引到这样一个“闷葫芦”里，再采取其他措施，敌人必输无疑。

诸葛亮的战前部署

光有好的地形还不行，还得让敌军钻到这个葫芦里，这是关键。敌人钻进去之后，还得采取最好的策略把敌人歼灭在这个葫芦里。于是，诸葛亮开始了自己的战前部署。

第一步，占据有利地形。他命令随部队一起行军的各类工匠 1000 多人进入葫芦谷中，制造木牛流马。又命令马岱率 500 名士兵把守住谷口。命令下达完毕，诸葛亮心里还是不放心，又对马岱说：“这些工匠一定不能放出来，外面的人一定不要放进去。”他谋划先把这个好地方占为己有，在里面秘密部署，然后再走下一步棋。

第二步，制作木牛流马。所谓的木牛流马，简单地说，就是利用杠杆原理制造的一种大型运输工具。用木牛流马作为运输粮食的工具，好处很多，“人不大劳，牛马不食”，不仅运输的数量很多，而且节省了粮食和人力成本。司马懿采取的应对措施是，坚守在北原按兵不动，让蜀军无法外出，致使他们的粮草不能接济，最终自取灭亡。这一招挺狠的，但因为木牛流马为蜀军节约了粮食和成本，这一措施暂时失败。

第三步，为敌军输送专业技术。司马懿看到诸葛亮的军队中有这么好的运输工具，便截获了一辆，并大批量仿造，一共造了2000多辆。虽说诸葛亮将自己的“专利”拱手让给了敌军，但实际上这也是一步棋，所有的秘密都在这些运输工具当中。

第四步，截获敌军粮食。正是因为对木牛流马这项“专利”技术拥有独立的知识产权，所以，诸葛亮的军队深知其中的要害，只需扭转木牛流马的舌头，就会让整个木牛流马停下来或者行进。这就相当于汽车上的锁，一旦方向盘锁死，车子是不会被开走的。凭借这个技术，诸葛亮“获粮万余石”。

第五步，将司马懿引入葫芦峪，然后采取火攻，烧死或者活捉司马懿。这是很重要的一步，也是整个战争成败的关键。

仔细分析诸葛亮的策略，可以说是煞费苦心、天衣无缝、一环套一环，但诸葛亮却在这次战役中失败了，不禁让人惋惜又好奇，这是为什么呢?

成也气象，败也气象

为了抓住司马懿，诸葛亮算是豁出去了，使出浑身解数。实际上，在《三国演义》中，诸葛亮利用气象因素打了不少的漂亮仗，比如草船借箭和火烧赤壁，都是利用气象的有利条件，取得战争的胜利，实质上就是气象战争。

这一次，诸葛亮采取的是火攻策略，而要想凭火攻取胜，气象条件是决定性因素。对当时的天气状况，诸葛亮是很有信心的。

在所有的战略部署都按照要求进行之后，诸葛亮开始采取佯败战术，让自己的人到司马懿那里去，把“消息”透露给敌军。和诸葛亮抗衡的司马懿，也是很了不得的人物，要让他钻进“闷葫芦”，得下很大的功夫才可以。司马懿父子三人终于出击了，为了确保将敌人引到指定的地点，诸葛亮还实施了佯攻和假粮仓计划。说穿了，这一切都是假的，都是在演戏，但演得太逼真了，司马懿并未发觉自己进了圈套。

司马懿进了“闷葫芦”，诸葛亮的绝妙计划就开始实施了。“只听得喊声大震，山上一齐丢下火把来，烧断谷口。魏兵奔逃无路。山上火箭射下，地雷一齐突出，草房内干柴都着，刮刮杂杂，火势冲天。”这次火攻的场面确实有点儿惊心动魄。司马懿父子三人抱在一起，只有哭的份，别无他法。死亡就在眼前，命运竟然如此作弄人！

到了这个时候，大家都以为司马懿父子必死无疑，蜀军必胜无疑。但是，事情竟然出现了反转。就在司马懿手足无措、父子抱头痛哭之时，“忽然狂风大作，黑气漫空，一声霹雳响处，骤雨倾盆。满谷之火，尽皆浇灭：地雷不震，火器无功。”

怎么了？这到底是怎么了？倾盆大雨骤然而至，这天气也太多变了吧！

试想一下，原本马上就要被烧死了，却突然发现自己可以活下去了，那是一种什么样的惊喜？那又会产生一种什么样的力量？绝处逢生的

士兵，又会迸发出多么强烈的求生欲和勇猛的战斗力？这场本来有胜算的战争，诸葛亮却败了。真晦气！但诸葛亮也想不明白这究竟是怎么回事？诸葛亮可是对天气进行过事先预测的，凭经验预报是没有这场雨的，怎么突然就下了这么一场暴雨呢？难道是老天在有意帮助司马懿？

多变的六月天

好端端的天气，怎么说下雨就下雨了呢？

这场战争发生的时节是农历六月的一天，正值夏日时节。有资料

甚至说："这一天晴空万里，暑热难耐，是施用火攻的绝好良机。"即便不是晴空万里，就算是多云天或者阴天，只要不下雨，诸葛亮的计划就会顺利实施，司马懿就在劫难逃了。

人们常说，六月天就如同孩子的脸，说笑就笑，说哭就哭，确实如此。在这样的时节，对流性天气发展比较活跃，在很短的时间内，就会聚集起浓积云甚至积雨云，然后降一场阵雨，这是很常见的事情，符合天气的季节性特点。这也说明夏季的天气是多变的，临时性的天气比较多。所以，诸葛亮才会无奈地说："谋事在人，成事在天。不可强也！"

正是这样一场大雨，浇灭了诸葛亮扶汉反魏的豪情壮志，让他发出了千古悲叹。

下了一场气旋雨

从时令上说，农历六月的天气固然多变，我们还应该从另外一个方面去解读这场有点儿突然的大雨，那就是特殊的地形和地貌会引起大气运动状态改变，从而产生降雨。

盛夏时节，受到强烈的太阳辐射，山谷中的空气温度比较高，近地面的空气受热上升，山谷中就会形成上升气流，形成谷风。当然，空气从山谷到山顶上升的过程中，气流并不是简单的流线型。大气在上升时，气压会降低，低气压区域会形成气旋。整个气旋在上升过程中，又由于高处的气温比较低，云中的水滴便会冷却凝结，不断成长，变成很大的雨滴，当空气的浮力无法支撑雨滴，便会形成降雨。所以，当时葫芦峪实际上是下了一场气旋雨。

气旋雨与台风的形成原理相似，所以又称台风雨，是随着气旋或低压过境而产生的降雨，是我国各季降雨的重要天气系统之一。气旋雨可分为锋面雨和非锋面雨两种。当然，在葫芦峪形成的这场气旋雨规模很小，算是“迷你”型的气旋雨。

气旋雨的形成，“火攻”也助了一臂之力，我们再进一步分析。

太阳辐射会使山谷的大气受热，产生上升气旋。而诸葛亮实施的火攻计划，使得山谷地带迅速形成一个巨大的热源，加快了空气的受热速度，大气迅速上升，气旋系统得到不断加强，当抬升到一定的高度时，便形成了降雨。

因此，这场雨不一定是天上降下来的，很可能是诸葛亮自己降给自己的，这是现代气象科学里才有的概念，如此先进的科学知识，在三国时期是绝对不可能掌

握的，诸葛亮哪里知道啊！所以，他只好感叹："谋事在人，成事在天。"事实是谋事在人，败事也在人。虽然诸葛亮既能够观天象，又能仔细观察，还善于总结，但他无法了解大气物理知识。

搞了一场小型的人工增雨

通过前文的分析，我们就可以得出一个结论：诸葛亮在葫芦峪实际上搞了一场小型的人工增雨。

我们先说一说人工增雨的原理，这就涉及大气物理的基本知识。

云是由水汽凝结而成的，里面有很多的微粒，云滴、雾滴、水滴、冰晶、冻滴、霰、冰雹……云的厚度和高度通常是由云中水汽含量的多寡以及凝结核的数量、云内的温度决定的。一般来说，云中的水汽胶性状态比较稳定，不易产生降雨，而人工增雨就是要破坏这种胶性稳定状态。通常的人工增雨就是通过一定的手段在云雾厚度比较大的中低云系中播撒催化剂，从而达到降雨目的。催化剂的作用：一是增加云中的凝结核数量，有利于水汽粒子的碰撞并增大；二是改变云中的温度，有利于大气的扰动并产生对流。而大气的扰动及对流的产生，更加有利于水汽粒子的碰撞并增大，当空气中的上升气流承受不住越来越大的水汽粒子时，便产生了降雨。

说完这个原理，您是不是有点儿恍然大悟的感觉呢？诸葛亮在山谷里放火，就会产生很多的烟尘，这些烟尘就是气象上所说的"凝结核"，它们飞扬到空中，相当于播撒了催化剂。水汽在凝结核足够、温度又合适的情况下，会加速凝结，这就促进了水滴的凝结，也就促进了降雨的产生。

以上我们分析的时令、气旋、凝结核都是产生这场降雨的原因。在水汽充沛的时节，在容易形成气旋雨的地形中，又恰逢地面燃烧的大火迅速加热，气旋雨形成速度加快，凝结核积聚，三种力量同时产生作用，降雨的概率就会大大增加。

即便是到了今天，如果选择在农历六月的某个晴朗的天气，再在葫芦峪的山谷里放一把大火，产生降雨的概率依然很大。诸葛亮自然不会知道这其中的奥秘，要让他相信这一点，我们可以利用大数据建立一个数学模型，进行数值模拟试验，将整个过程还原出来，用动画的形式演示给他看。遗憾的是，诸葛亮并不懂这些科学知识，也不能穿越到现在，所以，他只能永远带着遗憾和疑惑离开这个世界，无奈地说："谋事在人，成事在天。不可强也！"

关云长如何水淹七军

《三国演义》水淹七军的故事

《三国演义》第74回“庞令明抬榇决死战，关云长放水淹七军”，对关羽水淹七军的故事有详细的描写。

关平见关公的箭伤已经愈合，心里挺高兴，忽然间却听到于禁带领七军已到达樊城之北安营扎寨，不知道他们到底要干什么，便把这个消息报告给了关公。

关公立即上马，带领一些骑兵到地势高的地方进行侦察，发现樊城之上旗号不整，军士显得很慌乱。在樊城之北的山谷里，屯扎着军马。再看，发现襄江水势很急，看了半天，叫来向导官问：“樊城以北十里山谷的地名叫什么？”向导官回答说：“罾口川。”关公笑着说：“于禁必定被我擒获。”将士们好奇地问：“将军是怎么知道的呢？”关公说：“‘鱼’入‘罾口’，还能活多久？”诸位将领都不相信。

这个时节，正是八月秋天，连着下了几天大雨。关公命人预备船筏，收拾水具。关平问：“在陆地上打仗，为什么要准备水上的用具？”关公说：“这事你当然不明白。于禁不把七军驻扎在广阔宽敞的地方，而让他们聚集在罾口川这样的险隘之处。现在秋雨连绵，襄江的水必然暴涨；我已经派人在各处水口筑堰，等到发大水的时候，我们乘船到高处，放水将他们淹没，樊城和罾口川的兵就都成鱼鳖了。”关平听后深感佩服。

魏军屯兵在罾口川，又连续下了几天大雨，督将成何劝说于禁："大军屯住在川口，地势很低，虽然有土山，但距离营地比较远。现在秋雨连绵，军士们很艰辛。最近有人报告消息说荆州的官兵移到地势高的地方，又在汉水口预备战筏；如果江水暴涨，我军就非常危险了，还是尽早想办法吧！"于禁骂道："你这贼蛊惑我们的军心！再乱说就斩了你！"成何退下，又去见庞德，提起了这件事情。庞德说："你说得很有道理。于将军不肯移兵，我明天自己带兵屯驻到其他地方。"

庞德准备第二天率军离开自大的于禁，但还是没来得及，当天晚上风雨大作，庞德坐在帐篷里，突然听到了万马奔腾、万鼓震动大地的声音。庞德大惊，急忙跑出帐篷上马观看。突然大水从四面八方涌来，七军士兵到处乱窜，随波逐浪者不计其数。地上的水有一丈多深，于禁、庞德和其他将领都登上小山避水。

就在这时，关公带领大队人马摇旗鼓噪，乘着大船而来。于禁见四下无路，左右只有五六十个人，想到不能逃，便称"愿意投降"。于禁的问题解决了，关公又来擒拿庞德。

此时，庞德和董衡、董超、成何在一起，身边有步兵500人，都没来得及穿战甲，站在堤岸上。见关公来了，庞德一点儿都不惧怯，奋然前来迎战。关公用船从四面围住了他们，军士一齐放箭，射死了大半魏兵。董衡、董超见形势如此危急，便对庞德说："军士已经折伤了大半，四下又没有路，不如投降吧！"庞德大怒道："我受到魏王的

厚恩，岂肯屈节于别人！”于是亲自将董衡、董超斩杀，厉声说道：“如果再有人说投降，就和这二人一样！”于是，所有人都奋力抗敌。虽然庞德拼死抵抗，但最终还是被周仓生擒了。

通过《三国演义》的讲述，我们基本上能够判定，三国时期，关云长水淹七军的战役是充分利用了气象条件而进行的一场战争，他在对气候特点进行分析的基础上，做好了战前的各项准备，将敌军的两员大将于禁和庞德擒获。

水淹七军之前的战斗

在大家的印象中，《三国演义》里出谋划策、指挥战斗的人基本上都是诸葛亮，因为他是一个大神级别的人物，有统帅能力，而关羽则和张飞、赵云等一样，都是武将。但在我们了解了水淹七军的故事后发现，关羽不仅是将才，还是帅才，有一定的统帅能力，既有很好的谋略，又是一个有勇有谋的人。

公元219年，刘备在手下一批文武官员拥戴下，自立为汉中王。刘备和孙权这边达成了某种共识，相对消停一些了，接下来就是对付曹操。按照诸葛亮的战略，分两路攻打曹操：一路从西边的汉中攻打曹操，并且已经取得了胜利；另一路从东边的荆州直接攻打中原。当时镇守荆州的大将就是关羽。关羽将两个部将留在了荆州，自己亲率大军出征，第一个进攻目标就是樊城。

得知关羽要进攻樊城，驻守在这里的魏军守将曹仁赶快向曹操求救，曹操命令大将于禁为南征将军，庞德为先锋，统帅七路大军，星夜赶路去救助樊城。

关羽听说来了两员大将，亲自披挂前去迎敌，和庞德大战了百余回合，没有分出胜负。

古代中国打仗，不像西方军队那样结成方队，硬碰硬地进攻，而主要是运用谋略。

最先使用计谋的是庞德。

第二天，关羽和庞德继续交战，两个人见了面，话也不说一句，直接拍马上前交锋，打了 50 回合，庞德拨马逃走，关羽紧追不舍。庞德取出弓箭，关羽躲闪不及，中了箭，回到营房里养伤。关羽的箭伤在 10 天后才愈合。

水淹七军充分体现了关羽的谋略

于禁和庞德两员大将此次共率领了七队人马前来增援，因此称为“七军”。

就在关羽养伤的这段时间，曹操的军队并没有闲着，而是按照守将曹仁的安排，让七军屯扎在樊城北面的平地上，如此一来，就和城中形成了互相呼应的阵势，使关羽无法攻打樊城。

关羽在得知七军驻扎在城北的消息后，骑马登高观望，“知己知彼，百战不殆”，他看到北山谷内人马很多，同时看到了襄江水势汹涌，会心一笑，一条计策在他的心头萌生了。因为关羽看出了敌军的破绽，便开始谋划利用天时来取得战争的胜利。

谋略有了，就要加紧实施。侦察完敌情回来之后，关羽开始紧急命令部下准备船筏，收拾雨具，又派人堵住了各处水的入口。

对于关羽的谋划和行动，虽然于禁没当回事，但庞德看清了形势的危急，与众将商议，认为山谷不宜久留，准备第二天带领军士搬到高一点儿的地方。

遗憾的是庞德醒悟得晚了一点儿。就在这天晚上，风雨大作，庞德还在营帐中休息，突然听到外面吼声震天。庞德走出营帐一看，顿时傻眼了，只见大水从四面八方急剧涌来，七军兵士被水冲散淹死了很多。我们在这里做一个假设，如果庞德在意识到危险后当时就采取措施，逃离低洼的地势，能不能保住自己的军队呢？

战争的结果，前面已经说过，于禁和庞德被擒。对于关羽来说，这是一场完美的战争；对于庞德来说，这是一场遗憾的战争；对于于禁来说，这是一场懊悔的战争。

在这次战役中，我们看到庞德确实是一位英雄，死到临头并不惧怕，仍然奋力反抗。被擒之后，关羽好言好语劝他投降，庞德却骂道：“魏王手里有人马一百万，威震天下。你们的主人刘备，不过是个庸碌的人，怎能和魏王相敌。我宁可做国家的鬼，也不愿做你们的将军！”

关羽大怒，一挥手，命令武士把庞德杀了，很壮烈，但也很悲催。

关羽利用洪水淹死了不少魏军，取得了战争的胜利，这对樊城也产生了很大的影响。樊城很多地方甚至被冲毁，这为关羽攻城带来了很大的便利。

战争的气象条件分析

关于这场战役，很多典籍中都有记载，有些书中说这场水灾是自然灾害，和关羽的智谋没有关系，还有的说这是《三国演义》为了塑造关羽智勇双全的人物形象而虚构的。但不管怎么说，这场战役都是真实存在的，于禁和庞德也确实因为这次水灾失败了。

这里我们不多举例，只拿《三国志》中的记载来予以说明。《三国志·于禁传》记载："秋，大霖雨，汉水溢，平地水数丈，禁等七军皆没。"《三国志·庞德传》记载："仁使德屯樊北十里，会天霖雨十余日，汉水暴溢，樊下平地五六丈，德与诸将避水上堤。"《三国志·关羽传》记载："秋，大霖雨，汉水泛溢，禁所督七军皆没。"仅这些记载就足以证明这场山洪灾害是真实存在的，而且规模很大，破坏力很强。

我们再来分析，要靠水淹计来取得胜利，应该具备的一些条件：（1）战争发生的地方必须是在山谷地带，且敌军必须驻扎在山谷或河谷；（2）要有河流经过山谷地带，而且敌军是在下游；（3）最好是有一个降水的天气过程，增加河水的水量；（4）降水最好是对流天气产生的阵型强降水，这样水量会迅速聚集，可让敌军措手不及，来不及撤退；（5）在此前可采用筑坝的方式，蓄积一定的水量，和天空的降水进行配合，效果会更好。

根据以上分析，再从气象的角度解读一下，可以把这次战役看得更透彻一些。

首先，来看一下“地利”。蜀军在魏军的上游，具有使用水淹计的有利地势条件。魏军驻扎在山谷中较为平整的地面上，没有在山上，也没有在城里，这确实存在被水淹的隐患，在客观上为关羽水淹七军创造了极好的条件。

其次，再来看一下“天时”。襄樊一带处于亚热带季风气候区，其特点是“四季分明，雨量丰沛，冬冷夏热，雨热同期”。也就是说，每年8—9月，襄樊都会下暴雨。这几乎成了一种气候特点，是一种规律，关羽熟知这个规律，也充分利用了这个规律。

史料中称“大霖雨”“霖雨十余日”，这就是一个很好的条件。当然，光下雨还不行，还得积累到一定的量，“大霖雨”导致的结果是什么呢？就是“汉水溢”“汉水暴溢”“汉水泛溢”。大雨是否能导致河水暴涨，这才是成败的关键所在。

降水的效果怎么样呢？“平地水数丈”或“平地（水）五六丈”，这就不得了了，如此高的水位，淹死一些士兵就一点儿都不奇怪了。

最后说一说“人和”。作战的地点在樊城，属于南方，蜀军长期

在南方生活，对这里自然很熟悉，更为重要的一点，蜀军中熟悉水性的士兵要远远多于魏军，魏军大多是“旱鸭子”，突然遇到洪水，被淹死的概率很大。

一场战争要取得胜利，是综合因素的集中体现和作用，任何因素的改变都有可能导致结果改变。水淹七军之战，气象条件是最主要的因素，其他因素和气象因素相互配合，才最终使得水淹之计达到令关羽比较满意的效果。

陈仓古道上的防御战

《三国演义》第 99 回“诸葛亮大破魏兵，司马懿入寇西蜀”中，有这样一段描写：

10 天的时间之内，司马懿入朝，对魏王说：“我料想东吴不敢动兵，现在正好趁这个机会去讨伐一下蜀国。”于是进行了任命：曹真为大司马、征西大都督，司马懿为大将军、征西副都督，刘晔为军师。三个人接受了命令，拜辞魏王，率领 40 万大军，准备攻取汉中。

汉中有人将此事报告成都。这个时候，诸葛亮病已经好了多时，每天操练人马，习学八阵之法，都练习得很精熟，也正准备去取中原。听到这个消息，诸葛亮叫来张嶷、王平，对他们说：“你们两个人先带领 1000 士兵去守陈仓古道，挡住魏兵；我会带领大队人马来接应你们。”两人说：“有人报魏军有 40 万，且诈称 80 万，声势非常大，为什么只给了我们 1000 士兵去守隘口？如果魏兵大部队到达，怎么抵挡得住呢？”诸葛亮说：“我没有给你更多的人，也是怕兵士们辛苦啊。”两个人面面相觑，都不敢去。诸葛亮说：“如果有什么疏漏或闪失，不追究你们的责任。不要再说了，赶紧去吧。”二人苦苦哀求道：“丞相想杀我们两个人，就在这里直接杀了，我们真的不敢去。”诸葛亮笑着说：“你们两个笨蛋！我既然让你们去，自然是有主见的。我昨天晚上观天文，这个月之内必定有大雨。魏兵虽然有 40 万，哪里敢深入山险之地？因此无须用太多的士兵，绝对不会受到伤害。我将大军都安排在汉中，

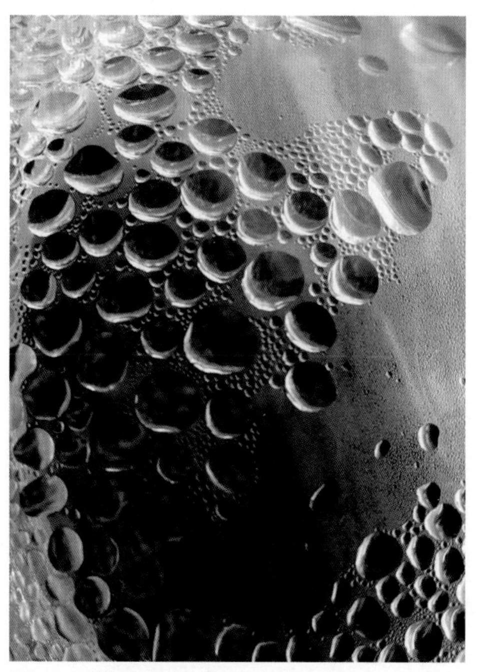

安安心心等一个月，等魏兵退却时，再以大兵追杀，以逸待劳，我 10 万之众就可胜魏兵 40 万。”两个人听完，方才大喜，拜辞诸葛亮而去。诸葛亮随大军一起出汉中，传令各处隘口，预备干柴草料细粮，要足够一个月人马的支用，以防秋雨。

曹真、司马懿率领大军，径直到达陈仓城内，不见一间房屋。找到当地人问，说是诸葛亮回去的时候放火烧毁了。曹真便要从陈仓道进发，司马懿说：“不可轻进。我夜观天文，这个月内必有大雨。如果深入重地，常胜还好。如果不顺利，人马要受苦，而且想退却就很难。现在暂时在城中搭起窝铺驻扎下来，以防阴雨。”曹真听从了司马懿的话。

还没到半个月，天上下起了大雨，而且持续不止。陈仓城外，平地有 3 尺（约 1 米）深的水，兵器、军装等军用物品都湿了，人也无法睡觉，昼夜都不得安生。大雨连续降了 30 日，马没有草料，死了无数，军士怨声不绝于耳。

消息传到洛阳，魏王设了祭坛，祈求天晴，但并没有达到效果。黄门侍郎王肃向魏王上书，希望能够体念士兵，退兵。魏王正在犹豫时，杨阜、华歆也上书劝谏。魏王便立刻下诏，让曹真和司马懿还朝。

这是一场没有打响的战斗，对于蜀军来说，这是一场防御战，而帮助他们防御的正是降雨，持续降雨导致魏军无法组织有效的进攻，甚至连基本的生存都得不到保障，很疲惫，也很狼狈。在这场防御战中，诸葛亮的策略十分潇洒，用 1000 多人和司马懿带领的 40 万大军周旋，1∶400，投入的成本极低，这在战争史上也极其少见。诸葛亮之所以敢如此“放肆”，是因为天气有利于他。司马懿也很聪明，他也能做好天气预报工作，明白在大雨天作战会是什么下场，在没有摸清对方底细的情况下，不会盲目冒进。

持续对峙的最终结果是面对以逸待劳的蜀军，魏军只得退了，虽然没有打败仗，但元气大伤。

雨天对作战产生的影响

这场战争的前前后后，在前文《三国演义》那段描述中已经说得很清楚了。现在，我们对影响整个战争的气象因素进行分析和讨论：在雨天作战，会对作战双方产生什么样的影响呢？

大雨会降低能见度

降雨天气，云层本身就比较厚，太阳光透过云层的量大幅度减少。降雨时，雨水在空中对光线起到一定的阻挡作用，使得光线变暗。雨

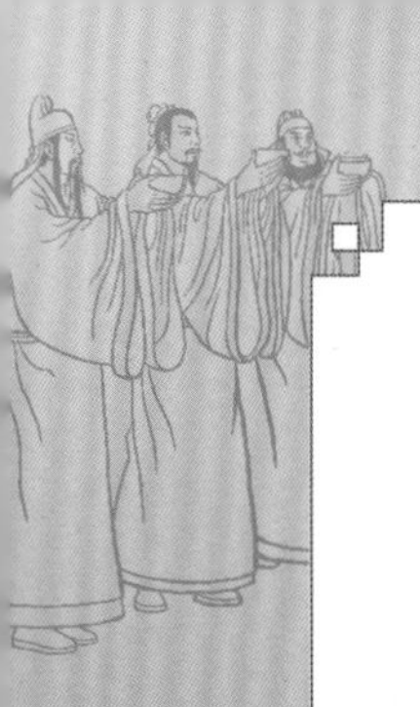

滴散落在空中，对光线的散射和反射都产生了较大的影响，光线的强度会减弱。这些原因共同使得能见度降低。雨越大，对光线的影响越大，能见度越低。

能见度的降低对整个战场的视野、号令的传达、队伍的前进和撤退、士兵的相互配合等都会产生很大的影响。

大雨会使得道路泥泞湿滑

既然是作战，队伍要行进，作战装备要运送，在雨天困难就出现了。

降水会使道路泥泞不堪，当时的道路还以土路为主，不像现在用水泥或者沥青对道路进行硬化处理。在泥泞的道路上行走，摩擦力减小，行动的速度会明显减慢。士兵会因为湿滑而摔倒或者趔趔趄趄，相互拉扯，进一步影响队伍行进的速度。

一些重型装备会陷在泥泞中无法动弹，有些兵器在雨天无法使用，这都会导致战斗力下降。

大雨影响作战的效果和休整

如果在大雨中作战，士兵在力量的使用、站位、行动等方面，都会受到影响。关于这一点，雨果在《悲惨世界》一书中对滑铁卢战役有详细的描写，士兵们满身是泥、衣衫不整、动作变形，显得狼狈不堪，很难发挥正常的作战水平。

与此同时，士兵的野外生存也存在诸多困难，帐篷不好搭建，炉火烧不起来，晚上无处睡眠，白天无处立脚。连续降水造成长时间无法休息，人的精神状态会很差，容易疲惫、焦虑，战斗力也会下降。

大雨会引发诸多自然灾害

大雨所引发的灾害很多，比较常见的是洪涝灾害，还有山洪、滑坡和泥石流灾害等，这些都会对士兵的生命安全造成很大的威胁。

大雨会导致后勤补给困难

由于大雨，交通运输受到很大影响，后勤补给容易出现问题。正如书中所述，“大雨连降三十日，马无草料，死者无数，军士怨声不绝”。吃饭、睡觉、御寒、医疗等各方面都会面临危机。雨连续下 30 日不停，40 万人的基本生活需要是一个巨大的难题，成了一场巨大的消耗战。

连续降雨会对人畜健康造成很大影响

持续 30 天的阴雨天气，没有太阳，没有晴天，会让人心情烦躁、情绪低沉，同时，由于这样的天气只能待在室内，户外活动减少，人的身体也得不到运动和锻炼，因此，连续降雨会对人的心理和身体健康产生很大的影响。随军的牲畜同样会遭受长期、持续降雨天气的影响，出现性情暴烈、食欲减退、消化不良等现象。

雨天作战应该注意的事项

司马懿本想带领队伍取得显赫的战果，却因为这场持续降水而变得畏首畏尾、处处被动。相比之下，诸葛亮显得很从容，很安逸，仅派出了 1000 人马，就完成了防御战的任务。我们从气象的角度再来反思这场战争，该注意些什么事情呢?

做好天气预报

在天气预报方面，两军的统帅司马懿和诸葛亮都是大神级的人物，完全可以和现在的首席预报员相提并论，两个人都会观天象，也都看到了降雨的可能性。

诸葛亮先预测了天气，“吾昨夜仰观天文，见毕星躔于太阴之分，此月内必有大雨淋漓”。随后，司马懿也对天气进行了预测，“我夜观天文，见毕星躔于太阴之分，此月内必有大雨”。

两个人的预测结果几乎是一样的，可见，两个内行都看到了产生降雨的明显特征和信号，降雨是肯定会发生的。

做出准确的天气预报是基础，不仅要做好短期的天气预报，还要做好长期的预报，更要做好预报的修订和跟进，并根据降雨的进程适时调整战略。

积极应对恶劣天气带来的影响

双方都对天气做出了准确预报，但在应对的方法和措施上，双方存在很大的差距。

诸葛亮预报了天气，推测出这种天气对作战产生的影响，甚至还推测出司马懿的用兵策略，所以，只派遣了 1000 人与对方周旋，使更多的军官和士兵得到了休养。这样，即便是雨停后两军作战，蜀军的状态显然也要好很多。

相比之下，尽管司马懿也预测到了恶劣天气的出现，但应对不当。对降雨可能产生的影响重视度不够，措施也不得力，加上魏军人数实在

太多，给养太大，而降雨时间又拖得太长，因而，一直处于被动地位。

在这里，我们做一个假设，如果司马懿在出发前就预测到陈仓城的降雨会持续较长的时间，而且雨水集中、雨量大，那么，他还会不会选择在这个时间段出兵呢?

遗憾的是，这只是一个假设而已，不光是司马懿，即便是现在，虽然地球上到处都布满了气象观测站和天气雷达，太空中还有很多气象卫星，但对于一个月这么长时间的天气，还是很难做出准确的预报。长期预报，这是一个世界级的难题，我们还有很长的路要走。

《西游记》里探气象

《西游记》对于气候发展的描述和探析

《西游记》讲述的是唐僧师徒克服重重困难去西天取经的故事，在这部作品里，也有对于地球气候发展规律的探析，这种探析融入了中国古代天文、地理、气象等各方面的文化和知识，体现了古人的智慧。

所有的故事都有一个开始，《西游记》的故事是从孙悟空开始的。孙悟空是从哪里来的呢？是从石头里“蹦”出来的。石头又是从哪里来的呢？这就需要对更远古的天和地的来龙去脉做一个简单的介绍。

我们先来看《西游记》作者吴承恩的讲述。

一开始作者就写了一首诗：

混沌未分天地乱，茫茫渺渺无人见。
自从盘古破鸿蒙，开辟从兹清浊辨。
覆载群生仰至仁，发明万物皆成善。
欲知造化会元功，须看西游释厄传。

这首诗表达的意思是，最早的时候，天和地是混沌在一起的，也没有人。盘古开天辟地后，天和地分开了，混沌才结束，世界清明了，万物开始在大地上繁衍生息。要想知道天地造化最初的功劳是谁，就需要好好看一看《西游记》是怎么解释的。

接下来我们看看作者对时间的划分。

天地经历了“一元”，也就是 129600 年。这个时间段分成 12 份，每一份就是 10800 年。

经过漫长的发展期和混沌期，有了天，才“有日，有月，有星，有辰”，人们把日、月、星、辰叫作“四象”。又经过了 5400 年，有了地，才“有水，有火，有山，有石，有土”，人们把水、火、山、石、土叫作“五行”。又经过了 5400 年，“天气下降，地气上升；天地交合，群物皆生”，才有了万物和众生，这个时候“天清地爽，阴阳交合”。再经过 5400 年，“生人，生兽，生禽，正谓天地人，三才定位”，人是在这个时候出现的。

有了人，人类的历史也就开始了。“盘古开辟，三皇治世，五帝定伦，世界之间，遂分为四大部洲：曰东胜神洲，曰西牛贺洲，曰南赡部洲，曰北俱芦洲。”

《西游记》讲的是哪里呢？是东胜神洲！这个州的海外有一个国，叫“傲来国”，这个国靠近大海，海里面有一座山，叫“花果山”。当然，这可不是一般的山，是一座很神奇的山，“此山乃十洲之祖脉，

三岛之来龙，自开清浊而立，鸿蒙判后而成”。这座山的山顶上有一块石头，孙悟空就是从这块石头里“蹦”出来的。这块石头的大小很不简单：石头的高度是“三丈六尺五寸”，寓意一年有三百六十五天；石头的周长是“二丈四尺”，寓意“二十四节气”。另外，石头上还有“九窍八孔”，寓意易学中的“九宫八卦”。

太有意思了，孙悟空的来龙去脉清清楚楚、明明白白了，而且和中国古代的天文历算“严丝合缝”。这就是小说，整个脉络极其详尽明晰，宏大的构架最终聚焦在一点上，让这一个点闪闪发光、灿烂无比。

看完热闹，我们再来讨论一下作者对于天地、气候发展的探析到底对不对呢？

天地最初是混沌为一体的吗？

实际上，在中国的古代文化中，“混沌”常表达某种令人神往的美学境界，与历史上的中国神话、中国哲学有很大关系，与中国人独特的思维方式有很大的关系。

作者的这一认识并非凭空想象，《易经》中有一段话：“天地初开，一切皆为混沌，是为无极；阴阳交合，阴阳二气生成万物是为太极。清者上升为天，浊者下沉为地，分为东、南、西、北四方，每方各有一神首镇守，东方青龙、西方白虎、南方朱雀、北方玄武，是为四象。”

作者的认识正是源于中国传统知识和文化体系中对于天、地的基本认知。科技发展到现在，我们自然知道，所谓的天，是地球之外宇

宙更大的空间，不可能和地球之间出现一种“混沌未分”的状态。

这是古人科学认知的局限，也成了神话故事最常用的描述方式。

地球的年龄是多少？

按照小说给出的地球年龄，大约为 13 万年，地球的年龄真的这么小吗？肯定不是，这个数值太小了。

地球上已知最古老的岩石的年龄是 43.74 亿年。1953 年，地球化学家克莱尔·彼得森利用同位素法，最早测定了地球的年龄约为 45.5 亿年。更多的科学家则认为地球是在 46 亿年前形成的。

时间真的被这样等分了吗？

作者把地球和人类的发展进行了等分，按照子、丑、寅、卯、辰、巳、午、未、申、酉、戌、亥分成了 12 份，把这么漫长的历史和一天的 12 个时辰（24 小时）进行比照，这显然是一种想当然的表述，没有科学依据。

接着，作者以 5400 年为一个时间单位，经过了很多个 5400 年，产生天，产生地，产生万物，产生人。这就更不符合科学了。世界不是用尺子固定地丈量下来的，而是按照自身的规律在运行和发展。

在这里，我们也不能苛求古人，批评他们用自己的主观意识去推测这个世界，他们这种形而上学的观点，是人类科技还没有达到一定水平时常用的一种方法。即便是科技发展到现在，我们也还是对认识不清楚的很多问题先提出假说，然后再用科学的方法去证明。

气象的历史有多少年?

要出现世间万物和人类，就必须要有大气，围绕在地球周围的大气会给生活在地球上的各种生物提供适合的气体。

地球上的大气几乎是和地球同时出现的，大概在 46 亿年前。地球大气最初是星系形成时的原始大气，只有氢、氦等气体。后来，由于太阳风和地球升温等原因，原始大气被吹走或者被其他星球掠走，在火山爆发、地壳板块碰撞等多种因素作用下，地球表面形成了二氧化碳、甲烷、氮、硫化氢和氨等气体，这些气体不断增多，最后形成了次生大气。再后来，氧气出现，氧与氨反应形成氮，最终形成了以氮和氧为主的现在大气。

灵长类的“猿猴”出现在 6000 万年前，一般情况下，我们所谈论的气象历史，是指人在告别爬行状态，开始直立行走的时刻。人猿揖别，始于 3000 万年前，因此，我们把气象史的时间确定为 3000 万年。因为从这时起，人们开始有意识地和气象灾害作斗争，开始认识气象变化的规律，开始随着风雨和寒暑的变化而进行迁徙，寻找适合人类居住的环境。

在人类的进化过程中，气候也对人的体形、特征、性格等各个方面产生了深刻的影响。

火焰山上的反常天气

西天取经的师徒 4 人，一路走来，要经历九九八十一难，确实很辛苦。时间过得很快，经过了炎热的夏天，转眼就到了秋天。秋天的空气很好，温度适宜，景色也很美。秋霜过后，树叶都变了颜色，红的，橙的，黄的……各种色彩铺排开来，秋的画卷就浮现在我们脑海中了。

遇到这么好的景色，作者觉得这样写不过瘾，还来了一首诗词："薄云断绝西风紧，鹤鸣远岫霜林锦。光景正苍凉，山长水更长。征鸿来北塞，玄鸟归南陌。客路怯孤单，衲衣容易寒。"

秋天到了，不光叶子红了，景色美了，西风吹得也紧了，山也开始变得苍凉了，光靠一身袈裟不行了，冷啊！恰恰应了那句“天凉好个秋”。凉是秋天最大的特征。

然而，再往前走，就发现不对劲了。“师徒四众，进前行处，渐觉热气蒸人。”4个人忙着赶路，慢慢就觉得有一股热气，有一种蒸桑拿的感觉。这是咋回事啊？

唐僧停下马来说：“如今正是秋天，却怎反有热气？”是啊，明明是秋天，应该以寒凉为主，怎么出现了这么热的天气呢？

最先跳出来的是猪八戒，开始利用他脑袋里储备的知识对这一现象进行解释。他说，西天路上有个斯哈哩国，在日落的尽头，太阳有太阳真气，落在西海里，就像火球掉到水里一样使水迅速汽化，产生热浪。

不得不说，猪八戒的说法是有一定的道理。把一个高温的火球放到水里，高温会把水迅速加热蒸发，并且周围大气的温度也会随之升高。这个道理是对的，但地球是圆的，地球是绕着太阳转的，太阳不可能掉到西海里呀！

听到猪八戒的解释，孙悟空笑了，骂猪八戒是个“呆子”，说斯哈哩国还远着呢！实际上聪明的孙悟空也搞不清楚是怎么回事，所以他并没有解释这一现象。

唐僧心头的疑惑还没有解决，到底咋回事啊？

一向寡言少语的沙和尚说话了：“想是天时不正，秋行夏令故也。”

沙和尚的解释是有道理的，所谓的“天时不正”，按照现代气象理论就是“天气异常”，这是有的啊。“秋行夏令”也是有的，指在秋天出现了夏天的一些特征。“秋老虎”就是这样的一种现象。

在这里，我们需要解释一下什么是“秋老虎”？“秋老虎”在气象学上是指三伏出伏以后，短期回热（35 ℃以上）的天气。一般发生在 8 月至 9 月。

民间有一种说法，每年的立秋当天如果没有下雨，那么立秋之后的 24 天还是会很热的，这 24 天就称为 24 个“秋老虎”。

实际上，形成“秋老虎”最主要的原因是：控制我国的西太平洋副热带高压秋季逐步南移，但又向北抬，在这个高压系统的控制下，会出现晴朗少云、日射强烈、气温回升的天气现象。虽然有点不合时令，但主要还是天气系统在发展变化过程中的影响导致的。

究竟是不是出现了“秋老虎”呢？所有的回答都是一种揣测，还得深入细致地去了解一下。最后，他们到了一个老者的家里，一番询问后，老者便把原因告诉了他们：“敝地唤做火焰山，无春无秋，四季皆热。”老者又说：“那山离此有六十里远，正是西方必由之路，却有八百里火焰，四周围寸草不生。若过得山，就是铜脑盖，铁身躯，也要化成汁哩。”原来不是天气异常，而是他们到了火焰山。

800 多里的火焰山，范围非常大，温度非常高，即便是铜和铁也会“化成汁”，周边的大气也被加热，形成了一个“无春无秋，四季皆热”的局地炎热气候。

接下来的故事就是孙悟空找牛魔王借芭蕉扇，又遇到铁扇公主，还有很复杂的故事，最终还是用芭蕉扇把火熄灭了。

这里我们不禁要问，到底有没有火焰山呢？答案是肯定的：有！

火焰山位于新疆吐鲁番盆地的北缘，主要由中生代的侏罗纪、白垩纪和第三纪的赤红色砂、砾岩和泥岩组成。当地人称为“克孜勒塔格”，即“红山”。

火焰山是中国最热的地方，夏季的最高气温达 47.8 ℃，地表最高温度高达 70 ℃以上。

这个地方为什么会这么热呢？

吐鲁番属于典型的大陆性干旱荒漠气候，年平均温度只有 14.5 ℃，但超过 35 ℃以上的天数却在 100 天以上，38 ℃以上的酷热天气也有 38 天之多。这是由其地理位置、地表特征和气候特点决定的。

因为有这样一座山，作者在创作小说时进行了艺术加工，创造了一个能把铜和铁都熔化的火焰山，让故事更加精彩。

对于生活在吐鲁番的人来说，热是一种常态，但对从外地来到火焰山的人来说，这种热显然是一种异常天气。

火焰山现在成了新疆吐鲁番的著名景点，这里景色很美，红色的沙石形成不同的造型，铺排在蓝天之下，展现了一种西部特有的苍凉而雄浑的美。

《西游记》中的祥云

据统计，《西游记》中“祥云”共出现了63次，频率非常高。为什么会出现这么多的祥云呢？祥云在小说中有什么作用呢？

营造一种神秘的气氛

祥云是神仙之气的一种象征，凡是神仙居住或者出现的地方，一般都有祥云。

第5回：“一天瑞霭光摇曳，五色祥云飞不绝。白鹤声鸣振九皋，紫芝色秀分千叶。”这描绘的是王母娘娘所居住的瑶池的景象，不光有祥云，而且还是“五色祥云”，不止一朵这样的云彩，而是移动的，是“飞不绝”的。既有“瑞霭”之光，又有“五色祥云”，才称得上是仙境，不愧是王母娘娘居住的地方。

第19回：“香馥馥，诸花千样色；青冉冉，杂草万般奇。涧下有滔滔绿水，崖前有朵朵祥云。”取经队伍来到一位禅师门前，禅师居住的地方有点儿像仙境，很漂亮，而且有祥云。

第21回：“须臾见一座高山，半中间有祥云出现，瑞霭纷纷，山凹里果有一座禅院，只听得钟磬悠扬，又见那香烟缥缈。”这是人间啊，怎么也有祥云呢？因为这是一座禅院，更重要的是，这里是“灵吉菩萨

讲经处”，菩萨曾经讲经的地方，自然会有仙气，也会有祥云。

第 26 回：“祥云光满，瑞霭香浮。彩鸾鸣洞口，玄鹤舞山头。碧藕水桃为按酒，交梨火枣寿千秋。”孙悟空去的是仙界，自然有美妙无比的景色，而祥云也是这种景色所必需的点缀。

第 52 回：“彩雾朦朦山岭暗，祥云叆叆树林愁。满空飞鸟皆停翅，四野狼虫尽缩头。”这是孙悟空和妖怪战斗前的景象，这时候的祥云并不吉祥，和发暗的彩雾一起，烘托出了一种悲壮的气氛。

通过以上分析来看，祥云在不同的场景出现，便会让整个氛围变得和别处不同。同是祥云，又以五色祥云营造的氛围更别具一格。

作为一种交通工具

在《西游记》中，祥云作为一种快速而便捷的交通工具，被各位神仙们广泛使用。

第 3 回：“金星领了旨，出南天门外，按下祥云，直至花果山水帘洞。”第 4 回：“悟空大喜，恳留饮宴不肯，遂与金星纵着祥云，到南天门外。”太白金星领了玉皇大帝的旨意之后，从南天门到水帘洞，使用祥云作为交通工具，来向孙悟空传达玉帝的旨意。返回的时候，太白金星和孙悟空都以祥云作为交通工具。

第 5 回：“大圣纵朵祥云，跳出园内，竟奔瑶池路上而去。”孙悟空去王母娘娘那里参加宴会的时候，乘坐的交通工具也是祥云。

第 6 回：“二人当时不敢停留，闯出天罗地网，驾起瑞霭祥云。”托塔李天王和哪吒一块儿去缉捕孙悟空，结果败兴而归，他们使用的交通工具也是祥云，而且是“瑞霭祥云”。这种交通工具的速度比较快，“须臾，径至通明殿下”，一会儿的工夫，就从花果山到了通明殿。

第 8 回：“如来驾住祥云，对众道……”如来佛从玉帝那里回来，不是坐在椅子上，而是站在祥云之上，一是说明还来不及坐，二是说

明祥云不仅能快速移动，还能悬浮在空中，或走或停，或快或慢，完全是由驾乘人员来决定的。

第 12 回：“那菩萨带了木叉，飞上高台，遂踏祥云，直至九霄，现出救苦原身，托了净瓶杨柳。”由此可以看出，菩萨也把祥云作为交通工具来使用。

第 17 回：“即请菩萨出门，遂同驾祥云，早到黑风山，坠落云头，依路找洞。”在取经的路上，唐僧遇到难题一般都找孙悟空，孙悟空是行路先锋，也解决了很多难题。但有的时候，也有孙悟空解决不了

的难题，他便求助于菩萨，请菩萨一块儿来降服妖魔。由此看出，祥云不仅能够一个人驾乘，还可以多人一起驾乘。

第 22 回："那木叉按祥云，收了葫芦，又只见那骷髅一时解化作九股阴风，寂然不见。"木叉是奉观音的旨意来收服沙和尚的，任务完成，就回去了，使用的交通工具也是祥云。也就是说，在使用祥云作为交通工具上，大仙可以，小仙也是可以的。

第 61 回："忽见祥云满空，瑞光满地，飘飘飖飖，盖众神行将近。"这一次来的神仙比较多，"四大金刚、金头揭谛、六甲六丁、护教伽蓝与过往众神"全来了，使用的交通工具也比较多，祥云把整个天空都占满了，出现了一种交通拥堵的场景。

关于祥云作为交通工具使用的描述，在小说中还有多处出现，这里不再一一列举。

宣扬一种宗教思想

《西游记》讲述的是唐僧师徒西天取经的故事，是一个关于佛教的神话故事，整部小说都在宣扬一种佛教思想，所以，祥云在小说中还起到了宣扬宗教思想的作用。

第 10 回："护心宝镜幌祥云，狮蛮收紧扣，绣带彩霞新。"说的是两个门神的打扮，装束当中有一个"护心宝镜"能够映出天上的云彩。这很正常，金属制品的打磨工艺达到一定的水平，是可以把金属物做成镜子来使用的。在玻璃出现之前，人们就是用铜来作为镜子。

祥云只和神仙、禅师们有关吗？不全是。第 33 回：“正走处，只见祥云缥缈，瑞气盘旋……”这不是仙界，而是两个妖怪见到唐僧时的景象，唐僧是个凡人，是个和尚，怎么和祥云沾边呢？大家都觉得很奇怪，妖怪心里很明白，解释说：“好人头上祥云照顶，恶人头上黑气冲天。那唐僧原是金蝉长老临凡，十世修行的好人，所以有这样云缥缈。”这进一步说明，祥云不是神仙的专属，人间也可以有祥云，只要你做个好人，好好修行，祥云也可以伴随在你左右。

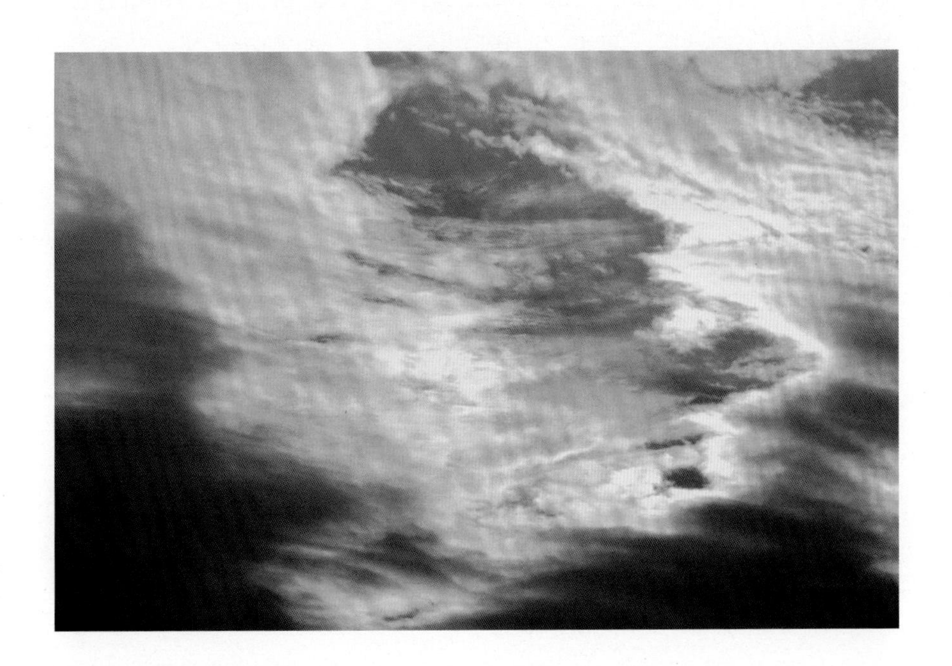

第 46 回："行者拔一根毫毛，变做假象，陪着八戒沙僧立于下面，他却作五色祥云，把唐僧撮起空中，径至东边台上坐下。"这一朵祥云不一般，是五色的，而且是个假祥云，是孙悟空变的一朵祥云。可见，祥云还可以作为迷惑敌人的障眼之物。

第 55 回："行者急睁睛看，只见头直上有祥云盖顶，左右有香雾笼身。"突然就出现了祥云，而且有香雾，猪八戒这个呆子自然是搞不清楚情况了，但孙悟空就知道是菩萨来了，只是没有现身而已。果然，"那菩萨见他们认得元光，即踏祥云，起在半空，现了真象，原来是鱼篮之象"。看来祥云不只是一朵云那么简单，里面也许还大有名堂，关键看你有没有法眼，是否"识货"。

第 62 回："我这金光寺，自来宝塔上祥云笼罩，瑞霭高升，夜放霞光，万里有人曾见；昼喷彩气，四国无不同瞻。"这是对一个重要寺庙的描述，这里也要有祥云。

第 98 回："那厢有霞光瑞气，笼罩千重；彩雾祥云，遮漫万道。经柜上，宝箧外，都贴了红签，楷书着经卷名目。"这是取经队伍经过重重险阻，到了西天，见到真经时看到的景象。

第 100 回："须臾间，那马打个展身，即退了毛皮，换了头角，浑身上长起金鳞，腮颔下生出银须，一身瑞气，四爪祥云，飞出化龙池，盘绕在山门里擎天华表柱上，诸佛赞扬如来的大法。"这是随同取经队伍前往西天取经的白龙马最后成佛的场面，很多雕刻和绘画中都有这样的景象。

在整部小说的描述中，祥云、霞光、瑞霭、彩雾等不仅出现在神仙居住的地方，也出现在一些禅师修行过的地方，出现在一些重要的寺庙中，甚至还出现在僧人的身旁，让大家心生向往。神可以有祥云，佛也可以有祥云，僧也可以有祥云，由此，可以看出作者要表达的一种价值观了。这和整部小说的主旨是统一的，就是要让大家一心向佛，一心向善，好好修炼，最终成佛，甚至成仙。

云彩中的秘密

这里，我们需要对小说里描写的云彩进行深入探讨：云彩里面到底有什么秘密？

云是大气中的水汽凝结或者凝华成的水滴、过冷水滴、冰晶，这些云粒子，混合在一起，飘浮在空中，成为能够让地面上的人看到的聚合物。

实质上，云是地球上庞大的水循环系统的一部分，是大气中能够看得见的有形的状态。云可以有各种各样的形状，国际上把云分为3族10属29种。

云里面的主要成分是水汽和大气。说得更详细一点，有水滴、云滴、冰晶、灰尘等，还有可能有冰雹、冻滴、霰、雪等。

我们爬到山顶的时候，会穿进云中；坐飞机的时候，也会穿透云。这时便能切身感受到云的内部状态，就是水汽的含量比周边更高，像进入了浓雾中一样。

这样说来，真正的云能够作为一种交通工具吗？不能！因为根本就没有着力点，整个云体是松散的，无法形成一种浮力，无法让人飘浮起来。而且云的移动速度是十分缓慢的，不可能须臾之间就从人间到了天上。

寺庙、禅院、僧人周边出现祥云也是不科学的。云是一种自然现象，是具备一定条件之后形成的一种大气现象，并不会因为有寺庙而云多一点，这两者之间丝毫没有关系。

当然，《西游记》是一部神话小说，是作者的一种想象和夸张，是文学作品使用的虚构手法，不能按照科学原理去解读。科学是科学，文学是文学，不可混为一谈。

五色祥云形成的原理

在《西游记》中，出现“五色祥云”的地方有3处，云为什么有色彩？为什么会出现多种色彩？这确实很有意思。

天上有各种不同颜色的云，有的洁白如絮，有的乌黑一团，有的则是灰蒙蒙的一片，还有的会发出红色和紫色的光彩。在日出、日落的时候，还会出现红色或者橙色的霞。

不同的空气质量、气温、云的高度和太阳的角度等，都有可能造成云的颜色变化。比较低的云，云中大部分是小水珠，可以阻挡和散射光线，看起来会更稀薄；比较高的云就不一样，高空的空气温度较低，所以云中有许多冰晶，阳光照射下来，云看起来就会亮丽夺目且十分有光泽。

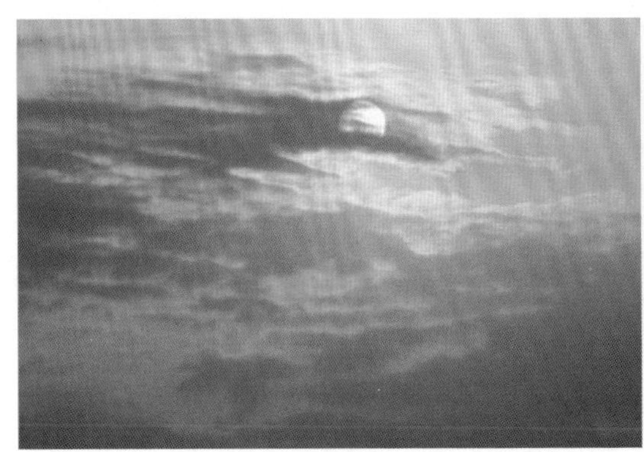

当云比较厚的时候，阳光穿不过，云就显得很黑；稍薄一点，阳光能穿过一部分，就显出灰色；如果很薄，大部分阳光都能穿过，就显得白亮。

日出和日落时，太阳光线是斜射过来的，空气中的水汽和杂质等使得短波被大量散射，红、橙色长波部分则得以保留，所以显现出红、橙色。当云层中存在冰晶时，光线还会产生衍射，就像棱镜分光一样，这时就会形成彩色光环。

要形成“五色祥云”，条件就比较苛刻了，云与阳光之间要有一个合适的角度，云要比较薄，里面最好含有均匀的冰晶，天气也比较晴朗，在这种情况下，阳光透过云时，通过冰晶的折射和反射作用，太阳光谱被分离，从而散射出多种色彩的光芒，就有可能形成“五色祥云”。

龙王和算卦先生 PK 预测天气的准确性

在我们的印象中，龙王相当于玉皇大帝任命的“气象局长”，是在海里统领水族的王，掌管着兴云降雨的事务。下不下雨，可是龙王说了算。而算卦先生一般都是一些混吃混喝忽悠人的穷书生，懂一点儿学问，但并不精通，会看一点儿天象，也只是皮毛。

如果有人问，龙王和算卦先生一块儿来预测明天的天气，谁会更准确一些呢？有人会不假思索地说，当然是龙王。

是不是龙王在这次 PK（对决）中就胜出呢？我们翻开四大名著之一的《西游记》来了解一下整个故事。

龙王盛怒

《西游记》第 9 回“袁守诚妙算无私曲，老龙王拙计犯天条”中介绍了一位非常厉害的算卦先生，一个钓鱼的人经常去他那里算在哪个方位钓鱼最好，也因此往往钓的鱼都很多。

巡查的一个小喽啰回来把这个情况报告给龙王。龙王一听，这还了得，那还不把整个水里的虾兵蟹将全钓走了？搞不好哪天把龙王也钓走了。盛怒之下的龙王简直丧失了理智，提上剑就要去把这个算卦先生给灭了。

就在这时，龙王的属下们纷纷劝他说，情况没有核实，你这么冒冒失失地去把算卦先生杀了，这样做可不好啊！如果只是一个谣传，你不是枉杀好人了吗？

龙王觉得大家说得有道理，于是变身成一个白衣秀士去会一会这个算卦先生。

PK 预测天气

这个算卦先生是谁呢？这人的来头倒也不简单："原来是当朝钦天监台正先生袁天罡的叔父，袁守诚是也。那先生果然相貌稀奇，仪容秀丽，名扬大国，术冠长安。"

龙王和袁守诚见了面，行了礼，奉了茶。

袁守诚问："你到我这里来想问什么事啊？"

龙王说："明天什么时候下雨？降雨量是多少啊？"

袁守诚说："明日辰时布云，巳时发雷，午时下雨，未时雨足，共得水三尺三寸零四十八点。"

按照现在的说法，这个预报结果可以算得上是精细化预报，时间说得非常准确，降雨量也说得很量化，就连现在的数值预报都很难做到这一点，看来袁守诚确实是一个很厉害的天气预报员。

龙王乐了。下不下雨，什么时候下雨，下多少雨，显然不是算卦先生说了算，是龙王说了算啊，你在这瞎说什么啊！

龙王笑了，笑得很开心，说："此言不可作戏。如是明日有雨，依你断的时辰数目，我送课金五十两奉谢。若无雨，或不按时辰数目，我与你实说，定要打坏你的门面，扯碎你的招牌，即时赶出长安，不许在此惑众！"

龙王的这一招比他提剑直接砍人要高明得多，时间不对或者降雨量不对，都算输，都会被赶出长安城。这一招不仅没有留下把柄，而且会让算卦先生心服口服地离开他的地界。

PK 就 PK，算卦先生欣然接受，心里一点儿都不发虚，约好明天下过雨后再次见面。

龙王作弊

回到自己的寝宫，龙王很是得意，把自己和算卦先生之间 PK 的故事讲给属下听，要让算卦先生输得很彻底，就等着明天把算卦先生赶走。

对于这场 PK，龙宫里的人都认为龙王必赢："大王是八河都总管，司雨大龙神，有雨无雨，惟大王知之，他怎敢这等胡言？那卖卦的定是输了！定是输了！"

高兴是高兴，但龙王高兴得太早了。就在大家高兴的时候，玉皇大帝的圣旨来了。玉帝命龙王降雨，圣旨上写的降雨时间和降雨量，与算卦先生说的一模一样。

龙王很震惊，这个算卦先生果然是个厉害的人物，玉帝的意思，他竟然都能预测。

尽管有玉帝的圣旨，但降雨的权力还是在龙王手里，时间上差一点儿，降水量差一点儿，总归是没有关系的，这点儿小手脚龙王完全是可以做一做的。玉皇大帝又怎样，"我的地盘我做主"。

第二天，龙王"挨到那巳时方布云，午时发雷，未时落雨，申时雨止，却只得三尺零四十点，改了他一个时辰，克了他三寸八点"。

龙王耍赖，作弊了，就这次 PK 来说，龙王赢了，但他真的赢了吗？

龙王失算

按照约定的时间，龙王来到算卦先生的店铺，"不容分说，就把他招牌、笔、砚等一齐捽碎”。龙王理直气壮，因为他 PK 赢了，“胜者王，败者寇”啊！

原本以为算卦先生会吓得魂飞魄散，可是“那先生坐在椅上，公然不动”。

龙王得理不饶人，颐指气使，进前一步，骂道:“这妄言祸福的妖人，擅惑众心的泼汉！你卦又不灵，言又狂谬！说今日下雨的时辰点数俱不相对，你还危然高坐，趁早去，饶你死罪！”

袁守诚丝毫不惧怕龙王撒泼，冷冷地笑了笑，说：“我不怕！我不怕！我无死罪，只怕你倒有个死罪哩！别人好瞒，只是难瞒我也。我认得你，你不是秀士，乃是泾河龙王。你违了玉帝敕旨，改了时辰，克了点数，犯了天条。你在那剐龙台上，恐难免一刀，你还在此骂我？”

听到这几句话，龙王直接吓傻了，千错万错都是自己的错，抗旨不遵那可是死罪，是要砍掉他这颗龙头的啊！

最终的结果很多人可能都知道，泾河龙王被魏征在梦中斩了头。

不该死的龙王

这是一部神话小说，我们也就姑且看个热闹。

小说里传递出来的思想是“天命难违”，天最大，不能欺骗天公，不能拿玉皇大帝的圣旨当儿戏。我们在这里讨论一个问题：龙王到底该不该死？也就是说，降雨时间和降雨量是不是就是铁定的，不能更改呢？

不是！

科技发展到今天，我们通过在云中适当的部位播撒一定数量的催化剂，就可以改变云中的微粒子，从而达到人工影响天气的目的。所以，降雨时间、降雨区域、降雨量，并不是定死了的，在一定条件下是可以人为改变的。而且，在预测天气时，一般会把降雨分为小雨、小到中雨、中雨、中到大雨、大雨、大到暴雨、暴雨、特大暴雨等，而且降雨量也只是区间值，比如小雨是 24 小时降雨量小于 10 毫米，中雨则是 24 小时降雨量为 10 ～ 25 毫米，还无法精确到某一个确定的数值。就降雨时间来说，通过数值模拟（大数据运算），可以推算出某地某时的降雨概率，而无法百分百确定。因此，从这个角度看，我觉得龙王不该死。

不仅如此，人工消灭台风、人工抑制暴雨、人工防霜、人工增雪等很多人工影响天气的科学技术都在试验、研究和实际应用当中，不光是龙王，人类也能够在一定程度上改变天气。

明朝广泛使用测雨器

这个故事很好玩，但透过这个好玩的故事，我们获取了一个基本的信息，可以做一个推断：在吴承恩生活的那个年代，就已经能够测定降雨量了，时间应该是16世纪明朝嘉靖年间。

算卦先生预测的降雨量是“三尺三寸零四十八点”，玉帝下的圣旨也是这么多，但龙王共降雨“三尺零四十点”，降雨量减少了“三寸八点”。如果只是靠肉眼进行判断，龙王克扣的那一点儿雨很难觉察得到。由这个数字我们看到，当时的降雨量测定得比较精确，如此精确的降雨量数据，必须使用相应的测雨器才能测得。

有文献记载：“到明朝永乐末年（1424年），令全国各州县报告雨量多少。当时（曾向）各县统（一）颁发了雨量器，一直发到朝鲜。朝鲜的文选备考中，有一节讲明朝雨量器的制度，计长1尺5寸，圆径7寸。”

由此可见，在明朝测雨器已经广泛使用了，精确地测定降雨量也是一件很普通的事情。对降雨量这个概念人们也已经接受和使用了。

《水浒传》里探气象

鲁智深的好天气与林冲的坏天气

《水浒传》是我国四大名著之一，很受广大读者的喜爱。这部作品里关于气象的描摹和应用，达到了出神入化的程度。从气象的角度去看《水浒传》，有另外的一种味道，也有一份不一样的收获。

在《水浒传》中，有两个人物——鲁智深和林冲——想必大家都比较熟悉，作者施耐庵在对他们进行人物形象刻画时，把天气的“好”与“坏”运用得恰到好处。鲁智深性格豁达，又喜欢云游四方，遇到的总是好天气。相比之下，林冲内敛，遭遇又非常坎坷，遇到的总是坏天气。

怎么一个“好”法，又怎么一个“坏”法呢？让我们深入了解一下。

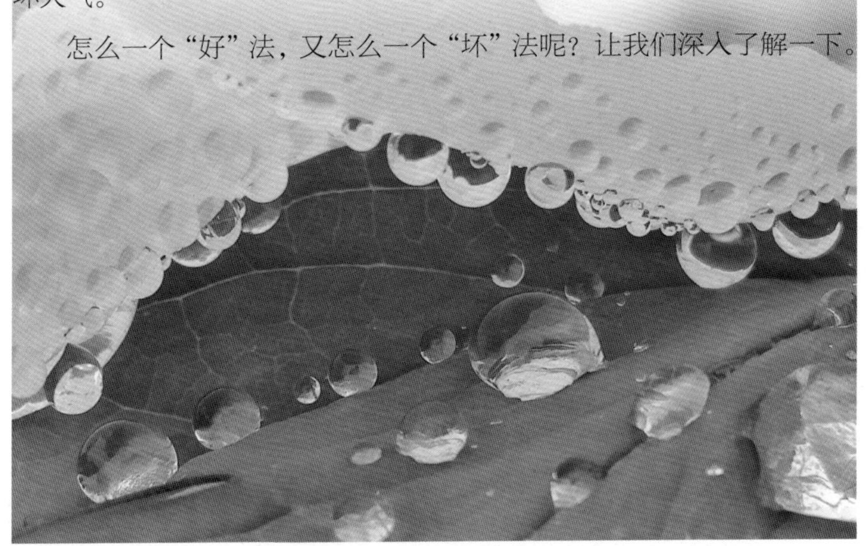

鲁智深最好的理由：好天气适宜外出

《水浒传》第3回写道：“鲁智深在五台山寺中不觉搅了四五个月，时遇初冬天气，智深久静思动。”“当日晴明得好，智深穿了皂衣直裰，系了鸦青条，换了僧鞋，大踏步走出山门来，信步行到半山亭子上……”

鲁智深是一个闲不住的人，况且来到五台山之后，又老老实实地在寺庙里待了四五个月，过着没有酒没有肉的清淡日子，清静的时间长了，他就很想动。刚好，迎来了一个好天气，天空晴朗，大气的透明度很高，这样的好天气很适合外出。正是借着好天气的由头，鲁智深走出了五台山。

在本该减少户外活动的初冬，鲁智深偏偏想外出，这反映了鲁智深好动的性格。而初冬的一个“晴明”天气，又给鲁智深外出提供了一个很好的理由。

冬天，按照时令的特点，应该是“藏”，也就是养，是休息，减少户外活动，在这个季节，很多动物都已经开始冬眠了。但人和其他动物还是不太一样，即便在冬天，也需要在户外活动一下，只是在次数、频度上相对其他季节要少一些。

鲁智深所在的五台山位于山西省，属于我国的北方地区，冬季天气比较寒冷，昼夜温差很大。但并非整个冬天的每一天都很寒冷。在冬日的中午，若遇到晴天，气温相对会比较高，这样的日子，人们会

找一个阳坡的地方聚会，俗称“晒太阳”，一是借此取暖，二是利用阳光照射来增加体内维生素 D 的合成，从而促进人体对钙质的吸收。

鲁智深“时遇初冬天气”，这个时节，天气还处于由冷到寒冷的过渡期，出现好天气的可能性比较大，所以，鲁智深在“久静思动”的时候，完全有可能遇到“晴明得好”的天气，这也完全符合当地的气候特点。

这一次的外出，鲁智深差点惹出事端来，好在长老出面，平息了一场风波。经过长老的教育，鲁智深认识到了自己的错误，开始老老实实地在寺庙里待着了。“忽一日，天气暴暖，是二月间时令，离了僧房，信步踱出山门外立地，看着五台山，喝采一回，猛听得山下叮叮当当的响声顺风吹上山来。”

上次外出惹祸的事情发生在初冬，一方面鲁智深受到了教育，另一方面又是北方的寒冬，所以，之后鲁智深老老实实地在寺庙里待了三四个月的时间，没有乱跑，也没有惹事。但当时间来到了“二月间时令”，很可能出现“暴暖”的天气，也就是突然间特别暖和，这又给鲁智深提供了一个外出的理由。

这次外出，鲁智深给自己打造了一根81斤重的铁禅杖。结果又惹事了，他醉酒归来，打断了金刚塑像的腿，而且还带回来一条狗腿，并且当着众僧人的面吃狗肉，然后，又用桌子腿打伤了许多人，最终被逐出了五台山。

利用天气作为外出的理由，既体现了鲁智深的可爱之处，也说明他是一个无法静下心来的人，心里向往的是一种自由洒脱、无拘无束的生活。由此可以看出，作者很善于利用天气来表现人物性格、推动故事情节的发展。

有人可能会问，俗话说“阳春三月”，不是到了农历三月，天气才会变得很暖和吗？其实，就山西五台山周边的天气特点来看，每年农历二月，天气就渐渐回暖了，由于某种天气系统的作用，也可能会出现“暴暖”的天气。另外，因为冬天长期的寒冷，天气突然转暖时，尽管气温不是特别高，人们还是会觉得非常暖和，由此认为是“暴暖”天气。

林冲的凄苦：路上遇到的坏天气

《水浒传》第 7 回，林冲被刺配沧州道，“时遇六月天气，炎暑正热”。

一年当中，农历六月是天气最炎热的时候。可想而知，林冲在这样的天气赶路，顶着毒辣的太阳，忍受着高温，又戴着枷锁，就更加艰难了。最为重要的是，作为犯人，林冲挨了棍棒之苦，“天道盛热，棒疮却发”，这就使得林冲在行进途中更加艰难，最后只能“路上一步挨一步，走不动”。

戴着枷锁走路，本来就已经很困难了，炎热的天气导致了行进道路上更多的困难，且炎热又导致了棒疮的发作，这就是难上加难，通过天气的渲染，读者能够真切地感受到林冲的凄苦。

沧州在河北境内，属于我国的北方地区，冬夏季节比较分明，冬天寒冷，夏天炎热，而农历六月又是沧州一年当中气温最高的时候，所以“炎暑正热”，甚至“盛热”，符合当地的天气特点。

《水浒传》第 9 回，林冲被安置在了草料场，“正是严冬天气，彤云密布，朔风渐起，却早纷纷扬扬，卷下一天大雪来”。

和发配途中的炎热不同，林冲现在所面临的是风雪，是寒冷。对于一个流离失所的人来说，热和冷都会带来很多的艰难，这让我们再次感受到林冲的凄苦。同时，因为雪，也因为风，林冲所居住的草棚坍塌，幸而逃过了被火烧死的劫难，否则，林冲很有可能在睡梦中就

被活活地烧死了，因此，这样的天气也有利于故事情节的推动。

《水浒传》第 10 回，林冲离开柴进，准备上梁山泊，“上路行了十数日，时遇暮冬天气，彤云密布，朔风紧起，又见纷纷扬扬下着满天大雪”。

林冲雪夜上梁山的故事已经妇孺皆知。在这样的风雪天气，林冲孤独地行进在去往梁山泊的道路上，风紧，雪大，这样的景象让读者感受到了一种凄凉和孤寂，很有画面感，也很有意境，在一定程度上起到了渲染故事气氛的效果。试想一下，纷扬的雪，乌黑的天，咆哮

的风，孤独的人，那该是怎样的一种凄凉画面，这种景象非常深刻地印在了读者的脑海中，使读者深刻地感受到林冲的凄苦。

接连两个章回都在写林冲，都在写寒冷和大雪，一方面故事就发生在冬天，是季节原因造成的；另一方面，林冲被发配的目的地沧州，是我国的北方地区，是落雪的地方，比较容易出现寒冷和降雪天气，这是地域原因造成的。

好天气是“晴明”，是冬日里的“暴暖”。坏天气是“盛热”，是“朔风”，是“满天大雪”。一好一坏，虽然描写的是天气，但透过天气又展现了不同人物的不同命运，这才是大师的手笔。当然，这也符合我国各地天气气候特点和规律。

热度持续上升 杨志束手无策

《水浒传》对于天气的运用，最为精彩的，应该是“智取生辰纲”的故事，这也是杨志人生中的一个转折点。有多精彩？让我们走进杨志和天气的故事，去进一步了解。

温度持续上升

《水浒传》第 15 回，杨志负责押运生辰纲，“时正是五月半天气，虽是晴明得好，只是酷热难行”。

这样酷热的天气，偏偏要赶路，而且肩膀上还挑了很重的担子，这确实是一件很苦的差事。在这样的天气里，杨志他们一行人选择“端的只是起五更，趁早凉便行，日中热时便歇”。这不失为一个好办法。

但这样的办法只适合平原地区，到了山区，为了防止强盗抢劫，杨志他们不敢在深更半夜赶路，只能选择大白天走路。对于负重的队伍来说，热天无疑是一个巨大的考验。而且这不是一天两天的事情，天天这样，谁也受不了啊！“那十一个厢禁军，担子又重，无有一个稍轻，天气热了，行不得，见着林子便要去歇息。”人毕竟不是机器，不是铁打的，在热天气和苦差事的双重折磨之下，人就会本能地偷懒，防范意识也会随之降低，而且还增添了怨气，加剧了内部矛盾。有人就抱怨：“这般火

似热的天气，又挑着重担；这两日又不拣早凉行，动不动老大藤条打来。都是一般父母皮肉，我们直恁地苦！”最终，那 14 个人没一个不怨怅杨志的。在这样的境况下继续运送生辰纲，杨志面临着内忧外患的局面。

出现热天的原因

这一段关于热天的描写，作者并没有就此打住，还在继续“升温”。“当日客店里辰牌时分，慢慢地打火吃了早饭行，正是六月初四日时节，天气未及晌午，一轮红日当天，没半点云彩，其日十分大热……”在这样的天气里，杨志他们还得继续赶路，确实非常辛苦。

在这里，向大家简单分析一下出现这种天气的原因。

这样的天气，也就是作者所说的“十分大热”，说明天气已经热到了极限，是最热的天气了。按照现在的天气来说，很有可能是盛夏干旱，只是一个劲儿地热，每天都热，没有降水，这样的天气即使是现在也经常发生。产生这种天气的原因很有可能是副热带高压的作用。这是一个很庞大的天气系统，在夏季的时候，它会对我国的天气产生很大的影响。当副热带高压发展适度时，我们处于它的边缘地带，它就会源源不断地将西太平洋的暖湿空气送到中国大陆，遇到北方来的冷空气，就会产生充沛的降水。如果副热带高压持续西伸北抬，整个中国大陆都在副热带高压的控制之下，我们则身处副热带高压之中，就会出现高温和干旱天气。杨志当时遇到的天气，很有可能就是副热带高压西伸北抬的结果。

地表温度远远高于气温

走了 20 多里路，大家都想到树荫下面休息一会儿，但杨志不允许。“众军人看那天时，四下里无半点云彩，其实那热不可当。”“看看日色当午，那石头上热了脚疼，走不得。”有人甚至叫哭说：“这般天气热，兀的不晒杀人！”

一般用“热”来形容天气，但当说到石头路面时，作者用了“疼”和“杀人”这样的词语，这说明，当时地表温度已经远远高于大气温度了。

这里需要解释两个概念：一是气温，也就是大气的温度；二是地温，即地表的温度。一般的规律是，正午时分，冬天的地温比气温低，夏天的地温比气温高。这是地面和大气的比热不同导致的，在盛夏的时候，有人甚至在柏油路面上做烤鸡蛋的试验。杨志一行遇到这样的热天，又是石头路面，经过一个上午的持续太阳辐射，地表温度已经非常高了，发烫！所以脚才会“疼”，才觉得这是在“杀人”。

是啊，在这样的天气里，走在这样的路面上，又连续赶路，又挑着重担，确实是接受刑罚一般的痛苦了。

热天的疏忽

作者为什么要花这么大的气力，花这么长的篇幅，去描写一个热天呢？这是为了下一步晁盖他们能够顺利劫取生辰纲所做的铺垫，当人的体力透支到一定程度时，人的防范意识就会降低，抵抗能力也会降低，即便是杨志这样的好汉也不例外。

把热天描写到极致的时候，火候差不多了，该晁盖他们几个出场了，这些在林子里等待了半天、休息了半天的人，出现了。但关于天气的描述，作者并没有就此停笔，而是借白胜的口唱了出来，“赤日炎炎似火烧，野田禾稻半枯焦……”

天热，人又热又累又渴，偏偏在这个时候，有人送来解渴的米酒，描写了这么长时间的炎热天气，就是为了让杨志他们喝下这解渴的米

酒。经过一番权衡，又加上晁盖他们不露痕迹的表演，杨志最终丢失了自己的防范意识，喝了酒，被麻翻，丢了生辰纲。

在整部《水浒传》中，这一回（第 15 回）是对天气描写和渲染篇幅最长的章回，也是对天气描写最为精彩的章回，不夸张，不做作，只是浓墨重彩地描述，不厌其烦地描述，让读者感受到这种热，这种累，这种渴。最后，水到渠成，晁盖他们顺利劫取了生辰纲，为梁山泊的发展挖到了“第一桶金”。

武松和戴宗的冷与热

气象中一个重要的因素是大气的温度，简称气温，这也被大家热切关注并经常提起。冷和热在《水浒传》作者施耐庵的笔下，不仅是气温这么简单，还用作季节转换、场景铺垫、人物关系变化和人物命运转折的素材和工具，恰如其分，严丝合缝。

武松是一个传奇式的人物，他的人生因为打虎和替自己的兄长报仇而变得跌宕起伏，这个过程中，天气也起到了很好的“配合”作用。戴宗能够日行800里，但行进的速度与天气的冷热有必然联系，而这种速度的变化，又生出很多曲曲折折的故事。

武松的遭遇，人世间多少冷和热

《水浒传》第 22 回，武松在“三碗不过冈”的酒楼里喝了 18 碗酒，路过景阳冈的时候，“此时正是十月间天气，日短夜长，容易得晚”。

秋分是二十四节气中第 16 个节气，时间一般为每年农历的九月二十二至二十四日。太阳在这一天到达黄经 180°，直射地球赤道，因此地球绝大部分地区这一天昼夜均分。秋分之后，北半球各地昼短夜长。书中讲述的是“十月间的天气”，已经过了秋分，所以，白天短，夜晚长。

白天的长短是一种自然现象，这本没有什么，但这样的时节，天黑得早，天一黑，整个氛围就发生了极大的变化，而武松要经过有老虎出没的景阳冈，且又喝了 18 碗酒，醉醺醺地走在漆黑又危险的山路上，顿时让读者为他的处境捏一把汗。短短的一句话，利用天气特点，就渲染出一个让人有点畏惧的气氛。在如此漆黑的夜晚，武松只身一人打死老虎，打虎英雄的威武形象跃然纸上。

《水浒传》第 23 回，武松回到家里，又谋了好的差事，就到了冬天了。“不觉过了一月有余，看看是十二月天气。连日朔风紧起，四下里彤云密布，又早纷纷扬扬飞下一天大雪来。当日那雪直下到一更天气不止。”

武松的老家是山东省阳谷县，属暖温带季风气候区。气候温暖，光照充足、四季变化明显。春季干旱多风，夏季炎热多雨，秋季晴爽间有旱涝，冬季盛行西北风，寒冷干燥。在这样的地方，到了农历十二月，出现降雪天气是很符合当地气候特点的。

那么，为什么作者要营造这样的氛围呢？下雪，天就会冷，在这样寒冷的天气中，潘金莲就有理由对武松嘘寒问暖，这不仅是一种情感上的关怀和交流，也为潘金莲进一步的动作提供了很好的理由。接下来潘金莲就是围着火炉，一边吃肉、喝酒，一边想方设法和武松搭讪。武松终于忍无可忍，和自己的嫂子翻了脸。天气的冷，给潘金莲一个亲近武松的理由，也反映了潘金莲对武大郎的冷血。

《水浒传》第28回，武松杀了西门庆和潘金莲，被官府押着流放，在监狱里遇见了施恩，一起去打蒋门神，“此时正是七月间天气，炎暑未消，金风乍起”。

《警世通言·王安石三难苏学士》中写道：“一年四季，风各有名：春天为和风，夏天为薰风，秋天为金风，冬天为朔风。和、薰、金、朔四样风配着四时。”一般说“金风”多指秋天的风。

七月的天气，一方面说明时间过得很快，代表了季节的转换；另一方面，又说明天气很炎热。而武松给自己定的规矩是每过一个酒楼，要喝3碗酒，这么热的天，喝这么多的酒，人自然更热。对一般人来说，如果是冬天，喝点酒，促进血液循环，可以暖和一点，完全可以理解。但是作者这里描述的是武松，他和常人不一样，即使在这么大热的天，照样喝酒，人物形象更加鲜明了。

《水浒传》第30回，武松把兄长的仇报完了，来到护城河边，“此时正是十月半天气，各处水泉皆涸”。

一般来说，河水的多少与雨季有关，当雨季到来的时候，降雨较多，雨下到地上，汇聚到河里，河水就多。雨季结束，河水就会渐渐减少，甚至干涸。十月中旬，雨季已经结束，无论是河流还是小溪，流水都变得小了。

与前一段的七月相比，已经过去了3个月的时间，这是时间上的变化。河水干涸，为武松顺利渡河逃跑，创造了很好的条件。

作者在描写武松的这几个章回里，多次提到天气的变化，而且每次天气变化都有明显的时间节点，从侧面记录了武松这一两年的时光。在这漫长又短暂的岁月里，既有大自然冷暖的交替变换，更有人世间冷暖的交替变换，这两种冷暖相互映衬，相得益彰，给人很强烈的印象。

戴宗奔跑，热天里被减缓的速度

《水浒传》第 38 回，宋江因为题了反诗，被再次收监，生命危在旦夕，戴宗帮蔡九知府传递书信，来到了朱贵的酒楼。“此时正是六月初旬天气，蒸得汗雨淋，满身蒸，又怕中了暑气。正饥渴之际，早望见前面树林首一座傍水临湖酒肆。”

农历六月是盛夏季节，也是一年当中气温最高的时节，同时，各地也相继进入了雨季，湿度也很大，就是俗称的“桑拿天”，闷热！

戴宗为了传递书信，早上不到 5 时就起来赶路，但这样的天气，还是减慢了戴宗行进的速度。戴宗是神行太保，作法之后，能够日行 800 里路程，但他毕竟还是人，不是机器，不是现在的轿车，面对盛夏的“桑拿天”，身体还是有些受不了。

在这样的热天里，遇到的又是紧急的事情，于是戴宗紧急行进。急，所以热，而热又让人急，越急越热，越热越急，这是人情绪上的变化。这么热的天，又使得人很渴；一路上都没有饭馆，又使得人很饿。不断的情景渲染之下，戴宗到了朱贵开的那个酒楼。这个酒楼位置很好，在树林边，又“傍水”，凉！

不去这样的酒楼喝点儿、吃点儿、歇歇脚，怎么行呢？既然戴宗到了酒楼，朱贵也就有机会将他麻翻，并且看了蔡知府的书信，整个故事情节环环相扣。如果戴宗不在这里歇息，只是路过，那么截取书信的事情也就不会发生，宋江就有可能被害，故事就无法再继续下去。

俗话说“无巧不成书”，此处的这种“巧”逻辑清晰、严丝合缝，一点儿也不做作，让你不仅觉得“巧”，更觉得“妙”！

也是《水浒传》第38回，为了制作假信，戴宗去请萧让和金大坚，萧让表示，“天气暄热，今日便动身，也行不多路，前面赶不上宿头。只是来日起个五更，挨旦出去”。

一方面再次说明当时的天气确实比较炎热，另一方面也说明，在炎热的天气里，人如果得到了很好的休息，并且避开正午最热的时候，行进的速度反而会提高，这也就是慢和快的一种辩证法。

这种工作和出行方式，即便到了现在依然在实行。例如，在盛夏酷暑天气，农民或工人会早起干活，在中午气温最高的时候则午休，在气温最高的时段停止室外作业，确保身心健康。

气象战争，宋江的便利与麻烦

在《水浒传》里，也有关于气象战争的描述，这些故事都围绕着宋江这个主要人物展开。

宋江既有一定的谋略，又“仗义疏财”，且又“公明”，所以受到大家的拥戴。在宋江和天气的故事中，天气为战场增添了一定的气氛，为战争带来了一定的便利，也带来了一定的麻烦，天气甚至成为战争成败的关键因素。

宋江报复黄文炳：黑夜里涌动的阴谋

《水浒传》第40回，宋江被救出来之后，为了报复陷害他的黄文炳，展开了复仇计划，“此时正是七月尽天气，夜凉风静，月白江清；水影山光，上下一碧”。

夏天，由于处于雨季，经过雨水冲刷，水流带着泥沙，所以河水是混浊的。随着雨季的结束，河水复清，秋的气息逐渐浓郁了，风轻云淡，秋高气爽，月白江清，湖光山色，等等，美好的景致都一股脑儿地出现了，这是四时的变化和季节的特征。

关于秋的短短的描述，呈现出的是和平盛世的美好和平静，然而，就是在这样的时刻，宋江发动了一场阴谋，静和动，平和与阴谋，形成了非常鲜明的对比。

反衬是一种方法，也是一种需要，作者娴熟地运用这种方法，在视觉、情绪和思想上给读者带来巨大的冲击。

宋江解救鲁智深：月光下坚固的城防

《水浒传》第 58 回，鲁智深被贺太守抓走，宋江带人去营救，先行侦查情况，“正是二月中旬天气，月华如昼，天上无一片云彩”。

二月中旬，因为大气中水汽含量比较低，地面的降水很少，天空中的云就比较少，是一年中云最少的时节。这时天上无云的情况很常见，能见度也很好，天空就比较开阔，月亮照射下来，地面上的影像也都能清清楚楚地观察到。

这样的天气，为宋江搞侦查工作提供了难得的机遇，在没有现代化侦查设备的情况下，靠肉眼就能够观测清楚。当然，这样的天气也给战争带来了很大的困扰，因为一切都看得很清楚，不利于隐蔽，也不利于偷袭。对方的城池，在月光下，看得清清楚楚，“城高地壮，堑壕深阔”。这样坚固的城防使得宋江非常烦恼，尽管天空没有阴影，但宋江的心里却落下了巨大的阴影。

宋江攻打大名城：有利和不利之间的转换

《水浒传》第62回，宋江准备攻打大名城，“此时秋末冬初天气，征夫容易披挂，战马易得肥满”。

春生夏长秋实，这是自然界的一般规律。春天的耕种，夏天的生长，秋天就是一个收获的季节。到了秋末时节，无论是草还是粮，都比较充足。在果实累累的秋天，战马酣畅淋漓地充分进食，体格和力量都得到了充足的成长。只有在秋天长得膘肥体壮，才能够有足够的脂肪在冬天释放能量，这也是动物随着季节变化对身体进行的有效管理。

这个时候的战马，是最有力量的，这为宋江攻打大名城提供了非常有利的条件。实际上，这种有利的天气条件并不完全偏向于宋江一方，对方的战马也得到了大自然的馈赠，也经过秋天的休养和成长，变得“肥满”。如此一来，这场仗就会很残酷，是一种强强对抗。

《水浒传》第63回，攻打大名城到了最后阶段，“其时正是仲冬

替
道
水
花
林
鲁

天气，连日大风，天地变色，马蹄冻合，铁甲如冰”。

从“秋末冬初”打到“仲冬”，是时间上的交代，说明这场战争比较艰苦，历时较长。从秋末的战马肥满到现在的大风和寒冷，随着时令的变化，战争的有利和不利条件也相应地发生了变化。冬令时节的战争，有很多的不利因素：一是“肥满”的战马变得瘦弱；二是温度较低时从事户外活动，容易对身体造成一定的伤害；三是大风天气可能加剧寒冷，也造成行进的困难，如果卷起沙尘，会造成能见度降低；四是道路结冰或者降雪都会对行军和作战造成巨大的困难。

如何才能将不利因素变为有利因素，赢得这场战争的胜利呢？神机军师吴用开始在天气上下功夫，因为他看到了“彤云压阵，天惨地裂”，这是要出现降水天气的征兆。“当晚云势越重，风色越紧”，这样的天气即使不需要现代的天气预报，也能够凭经验判断：下雪的概率很大。天气的变化，给利用气象因素赢得战争的胜利提供了很好的条件，关键是要抓住这样的机会。

吴用就抓住了这个机会，利用天气，事先挖了一个大坑。下了一夜的雪，索超是无论如何也看不出地上有这个坑的，雪的覆盖，使一切伪装都没有丝毫的破绽。于是，索超在打斗中被引诱掉进了这个坑里，被俘。随着索超的被俘，这场艰苦甚至有点残酷的战争才出现巨大的转折，攻打大名城才最终取得了胜利。

匠心独具，天气在《水浒传》中得到了合理运用

关于天气的描写，《水浒传》中还有很多处，比如，第 73 回写道："看看鹅黄著柳，渐渐鸭绿生波。桃腮乱簇红英，杏脸微开绛蕊。山前花，山后树，俱发萌芽；州上苹，水中芦，都回生意。谷雨初晴，可是丽人天气；禁烟才过，正当三月韶华。"这段描写语言简洁明快，读起来朗朗上口，呈现出一幅阳春三月的美丽画面，让人赏心悦目。

据不完全统计，《水浒传》中出现天气的地方有 60 多处，作者运用天气来丰富和完善作品的能力，值得深入研究和学习。

《水浒传》确实是一部伟大的作品，在天气的运用方面，产生了很多意想不到的效果，具体体现在：一是根据情景的需要，运用天气渲染了不同的气氛；二是根据故事的需要，合理地运用天气，推动了故事情节的发展；三是通过对天气的描述和介绍，间接交代了故事发生的时间节点；四是依托不同的天气，烘托出人物不同的情绪反应；五是以天气为基调，映衬并塑造人物性格；六是运用天气的变化，谋划并推进战争的进程；七是利用天气，为故事的发展埋下伏笔，做好铺垫。

《水浒传》中关于天气的运用：一是合理，使天气的运用符合故事的情节，服务于故事的发展；二是科学，整部作品关于天气的描述中，没有出现一处常识性的错误，也没有出现违背科学的错误；三是得当，关于天气的描写，恰到好处，并不是多多益善，也不是凤毛麟角，而是根据需要，可能寥寥数语，也可能几个段落，一切从需要出发，得当地取舍。

读《水浒传》，细细体味作者对天气的描述和运用，我们会得到另外一种收获，一种完全不一样的新鲜感受。

《红楼梦》里探气象

《红楼梦》中的四季交替

《红楼梦》可以说是中国最了不起的文学作品，对于《红楼梦》的研究更是吸引了很多学者，最终形成了一门学问，就叫“红学”。不同的人从不同的角度解读着《红楼梦》：美食家在《红楼梦》里找到了很多养生又美味的食物；诗人在《红楼梦》中寻觅着各种诗词歌赋；医生在《红楼梦》中找到了很多药方和诊治病人的技巧；园林师则在《红楼梦》的大观园中看到了园林设计的古典之美；甚至有些企业家在《红楼梦》中看到了企业改革的一些具体措施……这真的是一部伟大的作品，也是一部神奇的作品。

今天我们就从气象的角度去看一看《红楼梦》中的四季交替、桃红柳绿、阴晴圆缺，并透过这个角度去理解人物的命运，看人生沉浮。

有学者对《红楼梦》研究发现，贾宝玉自出生到出家，一共 19 年，在这 19 年的时间里，基本是按照季节的顺序展开故事情节的。

序号	季节	章回
1	夏、秋	第 1 回
2	春、夏、秋、冬	第 2 回
3	春	第 1 回
4、5		第 1 回
6		第 2 回
7	夏末	第 2 回
	深秋至冬	第 3 回
8	春	第 4、第 5 回
	冬	第 6 ～ 8 回
	冬末	第 9 回
9	初春	第 9 回
	秋	第 10、第 11 回
	冬	第 12 回
10	春、夏、秋、冬	第 12 回
11	春、冬	第 12 回
	秋末冬初	第 13 回
	入冬	第 14 回
	冬	第 15 ～ 18 回
12	春、冬	第 17、18 回
13	春	第 17 ～ 25 回
	夏	第 26 ～ 37 回
	秋	第 37 ～ 47 回
	冬	第 48 ～ 53 回
14	春	第 53 ～ 61 回
	夏	第 62、63 回
	秋	第 64 ～ 67 回
	冬	第 68 ～ 70 回
15	春	第 70 回
	秋	第 71、第 79 回
	冬	第 80 回
16	春	第 81 ～ 86 回
	秋	第 87 ～ 89 回
	冬	第 89 ～ 95 回

序号	季节	章回
17	春	第 96、第 97 回
	秋	第 98、100、101、102 回
	春夏之交	第 99 回
	冬	第 102 回
18	春	第 102、第 103 回
	秋末或冬初	第 104 回
	冬	第 105 ～ 107 回
19	春	第 108 ～ 110 回
	春末或夏初	第 111 回
	夏	第 112 回
	秋	第 113 ～ 119 回
	冬	第 120 回

这张表的数据来自红学专家梅新林和张倩，此处将表格进行了简化，并重新进行了制作，这样更容易看懂。

实际上，通过这张表，红学专家已经把《红楼梦》的四季说得很清楚了，不能确定季节的章回很少。

季节的变化，意味着气温、日照、湿度、降水、风向风速、气压等气象要素也会发生相应的变化，这些变化又会导致植物的生长发生变化，因而会呈现出不同的景色。而人也因为气象要素和景色的变化，在情绪、行动、语言等方面发生很多变化。我们从气象的角度去看《红楼梦》中的四季交替，能够看到什么呢？

《红楼梦》最喜欢写秋季

统计结果显示：《红楼梦》中秋季出现的频率最高，约有 44 回文字是以秋季为时间背景的，占比 36.7%；其次是春季，约有 35 回文字的故事发生在春季，占比 29.2%；再次是冬季；出现频率最低的是夏季。

这样的结果，与整部小说的内容是相匹配的。

首先是秋季，秋季给我们的印象往往是秋风萧瑟、落叶纷飞，那是什么样的一种感受呢？一个字就是“悲”。古代人总是把秋和“悲”联系在一起，有了这样的氛围，很多悲戚、悲凉、悲情、悲惨的故事就都可以安排在这个季节了。整部作品的悲剧气氛非常浓厚，因此，秋天出现的频率就非常高，这与作品的基调是完全吻合的。

第45回，秋风刮来，秋雨落下，“秋霖脉脉，阴晴不定，那天渐渐的黄昏，且阴的沉黑，兼着那雨滴竹梢，更觉凄凉”。林黛玉受到这秋天景象的感染，写下了一首非常凄美的诗《秋窗风雨夕》：

秋花惨淡秋草黄，耿耿秋灯秋夜长。
已觉秋窗秋不尽，那堪风雨助凄凉！
助秋风雨来何速！惊破秋窗秋梦绿。
抱得秋情不忍眠，自向秋屏移泪烛。
泪烛摇摇爇短檠，牵愁照恨动离情。
谁家秋院无风入？何处秋窗无雨声？
罗衾不奈秋风力，残漏声催秋雨急。
连宵脉脉复飕飕，灯前似伴离人泣。
寒烟小院转萧条，疏竹虚窗时滴沥。
不知风雨几时休，已教泪洒窗纱湿。

这样的一首诗，在萧瑟的秋天，出自多愁善感的林黛玉，把秋风秋雨、秋花秋草、秋灯秋夜、秋窗秋梦、秋泪秋情抒发得婉转百回、跌宕起伏。这样的季节，这样的景色，催生了这样的诗句。

其次是春天。提到春天，大家想到的是春暖花开、春意盎然、春光明媚，这没有错。有了花，有了草，还应该有诗词啊！这确实成了一种很大的需求，搞个诗会什么的，总得有个由头，那就等到花开的时候，是再恰当不过了。当然，春天提供给小说的不光是阳光的一面，花也会落啊，落花也会让林黛玉伤心，于是她把这些花瓣捡起来，埋葬掉，然后再赋诗一首《葬花吟》，即便是一个阳光灿烂的日子，也弄得悲悲切切的，这也极其符合人物的性格。

在第 58 回，我们跟着贾宝玉去看一看春的气息。吃完饭，宝玉感觉有点儿疲倦，想睡一会儿，袭人说，春天的天气这么好，你出去转一转，对你康复有好处。于是，宝玉就出门了。宝玉发现春天是一个忙碌的

季节，大家都在干什么呢？修剪竹子和树枝，栽花，种豆，还有人在池塘里种藕呢！这确实符合春天的季节特征，我们一般会说“春耕、夏长、秋收、冬藏”，春天是一个耕种的季节。

宝玉继续往前走，“只见柳垂金线，桃吐丹霞，山石之后，一株大杏树，花已全落，叶稠阴翠，上面已结了豆子大小的许多小杏”。春天的景色也是很美的，柳树发出的新芽是翠绿色，象征着生命的娇嫩和蓬勃，桃花则像霞光一样红彤彤一片。一般的规律是杏花先开，桃花再开，桃花开得正艳的时候，杏树上已经结了小小的果子。

按理说，在这样的季节，面对这样的景色，宝玉应该高兴才对，应该心情舒畅才对啊。但是宝玉看着已经结了小杏子的杏树，却生出了另外的一番心情来。“病了几天，竟把杏花辜负了！不觉已到‘绿叶成荫子满枝’了！”就在这个时候，“忽有一个雀儿飞来，落于枝上乱啼”。鸟儿在这个时候鸣叫也会让人心境美好，但宝玉却说“这声韵必是啼哭之声”，这么动听的如音乐一般的鸟的鸣叫，宝玉因为心情不好的缘故，竟然听出了啼哭声。

由此，我们能够深刻地感觉到，即便是在春天这种景色美好、欣欣向荣的季节里，人也会生出惆怅和悲伤来。

夏和冬，一热一冷，最是不宜动，也不好表现的季节，但依然需要，否则，最后一回贾宝玉出家，“白茫茫大地真干净”的氛围就出不来。

《红楼梦》最喜欢写青春萌动的年龄

我们换一个更长的纬度来对《红楼梦》进行考量，主人公贾宝玉只有19年的尘世生活，这19年时间，也就是《红楼梦》主要讲述的时间段。那么，作者重点写的是贾宝玉多少岁的事情呢？

13岁写了36回，占30%；14岁写了18回，占15%；16岁写了15回，占12.5%；19岁写了13回；15岁写了11回。其他的年份，写了1～7回篇幅不等，也有的年份，一回甚至半回的篇幅都没有用到。像第12回讲述的第10年，一句话就带过去了。这些数据，足以让我们感受到作者的写作重点了。

再进一步统计，贾宝玉13～16岁的4年时间，写了80回，占整部小说的三分之二。这下大家就更清楚了，作者着力所写的是贾宝玉处于青春期的年龄段。

我们都知道，《红楼梦》首先是一部爱情小说，是写贾宝玉和林黛玉之间的爱情故事，13岁开始，一个人的青春期就来了，开始在内心深处萌发出懵懵懂懂的爱情，内心的想法就开始多了，脸上的表情也开始丰富了，甚至傻傻的、痴痴的，一直延续到16岁，爱情的花蕾从含苞到盛开，留下了愁愁烦烦、缠缠绵绵的无限情思。

当然，13～16岁，也是一个人生命中最为曼妙、最为靓丽、最为精彩又最为难忘的年龄段，作者花三分之二的篇幅铺陈开来重点描写，是完全可以理解的。

看到这里，你就会理解作者把握整个作品架构的精妙之处了，张弛有度，错落有致，奇妙无穷啊！

也有一些红学专家把整部《红楼梦》的叙事分为四季：1 ～ 5 回为春之梦，喜剧式叙述；6 ～ 63 回为夏之梦，传奇式叙述；64 ～ 98 回为秋之梦，悲剧式叙述；99 ～ 120 回为冬之梦，讽刺与反讽式叙述。

这也正应了那句古话，“人生一世，草木一秋”，这是一种循环模式，但又不只是一个简单的循环。天气的四季，或者人生的四季，你能说四季的交替就是一种简单的循环吗？

天气有四季，人也有四季，这里面又道出了一个中国古代很重要的思想观念，那就是“天人合一”。

《红楼梦》中的节令文化

看过《红楼梦》的人都知道，贾府里面有很多娱乐活动，当然这些娱乐活动有些是即兴的，但更多的娱乐活动则是以节令为由头举办的，不同的节令举办不同的活动。

《红楼梦》中的节日文化

《红楼梦》中写到的节日非常多，有元宵节、端阳节、七巧节、中秋节、重阳节、除夕、春节等，这些都是中国的传统节日，作为富贵人家的贾府，过这些传统节日更盛大，更铺排。诸多的节日当中，描写次数最多的是元宵节，其次是中秋节。

中国最大的节日应该是春节，为什么《红楼梦》中元宵节反而描写的次数最多呢？

春节确实热闹，但一家子所有的人都聚在一起的时候，年轻人总得收敛一点儿，特别是在封建社会的大家庭，礼制是非常严格的。元宵节就不一样了，这个节日又叫上元节、灯节，一般会举办唱戏、开宴、猜灯谜、放烟花等各种各样的娱乐活动，让这个节日的氛围显得很欢乐，文化气息也很浓厚。更重要的是，书中好几件不太顺利的事就发生在元宵节，比如贾宝玉在元宵节的时候把通灵宝玉弄丢了，人也吓傻了。

如此的手法，是告诉我们“乐极生悲”这个道理，乐中的悲更能体现悲的效果。

再说中秋节，这是一个团圆的节日。因为有一轮圆月，所以大家可以赏月，也可以搞一些吟诗作赋的文化活动。但我们也都知道，“月有阴晴圆缺，人有悲欢离合”，月圆之后，就是月缺。比如有一个中秋节，贾母本想一家人欢度这个节日的，但江南甄家被抄家的事情还是让贾母感到不安，甚至禁不住落泪。心中的悲凉和圆满的月亮之间形成非常鲜明的对比，给读者的印象更加深刻。

《红楼梦》中的节气文化

二十四节气在我国古代本是一种历法，并以此来安排农事，但在发展的过程中附着了很多文化的功能，逐渐形成了很多民俗和节日文化。尽管生活在大观园中的贵族小姐和少爷无须安排农事，但是他们需要开心，需要节气的民俗和文化，在一些节气到来的时候，也会搞一些活动。

清明，既是传统节日，也是一个节气，演绎下来，在这样的节日里，是需要祭祖的。在清朝的时候，清明节非常隆重："清明扫墓，倾城男女，纷出四郊，担酌挈盒，轮毂相望。"是啊，这样的节日里，全城的男女几乎都出动了，去扫墓，去祭奠逝去的亲人。《红楼梦》中也提到清明节祭祖，贾琏等人在清明节去铁槛寺祭柩烧纸。在大观园里，藕官烧纸祭奠药官，她们是下人，没有人身自由，但她们依然思念亲人，只能在园子里烧纸祭奠逝去的故人。当然，在这个时节外出扫墓，风清气爽，桃红柳绿，会是一次很不错的郊游活动。

芒种，对于农民来说，是麦类等有芒作物成熟的时节，但对于生活在大观园里的闺阁女儿来说，芒种是一个“饯花神”的日子。“芒种一过便是夏日了，众花皆卸，花神退位，须要饯行。”于是，在这一天，大家都早早地起来，参加各种“饯花神”活动。我们知道，大观园的众美女个个美貌如花，作者之所以特别提及这样一个节日，自然是要告诉大家，没有多少时日便会“众花皆卸”。是啊，没有不败的花，作者用心可谓良苦。

节令文化的功用

除了前面提到的节日和节气，还有生日，以及其他一些特殊的日子，也会成为《红楼梦》中从事文化活动的理由。所以，《红楼梦》被称为封建社会的百科全书，包括了方方面面的知识。通过节日、节气和生日活动，作者要达到什么样的效果呢?

首先，建构小说的文本框架。红学大家周汝昌说："一部《石头记》，一共写了三次过元宵节，三次过中秋节的正面特写的场面，这六节，构成全书的重大关目，也构成了一个奇特的大对称法。"这就是文章的框架，通过节令，将整部小说的框架建立起来，而且建立得很巧妙。

其次，推动故事情节的发展。在《红楼梦》中，很多重大事件几乎都与岁时节令相关。秦可卿在中秋节之后生病，最终没有能挺过"可望全愈"的"春分"，香消玉殒，她的丧事也成了《红楼梦》中的一件大事；元妃省亲定在元宵佳节；金钏跳井、元妃赏节礼、打平安醮、张道士说亲等一系列重要事件发生在端午节；等等。节令成了作者设置并且推动《红楼梦》情节发展的一个很重要的依托和节点。

第三，承载很多的文化特性。节日、节气、生日（寿辰）等是我国传统文化的组成部分。在这些节令中，有很多的民俗、文化和社交活动，比如元宵节猜灯谜、中秋节赏月吟诗等，透过谜语、诗词，作

者又可以把很多隐喻附着上去，把参与者的性格特点表现出来，把很多的文化特性依附上去。

《红楼梦》确实是一部非常伟大的作品，一个个司空见惯的岁时节令，都成为作者曹雪芹的“棋子”，经过一番“排兵布阵”之后，非常精巧地呈现给读者，让我们不得不叹服文学艺术的精妙绝伦。

传统与现代

随着现代科技的发展，气象这门科学已经取得了很大的进展。在探测技术方面，既有地面和高空气象观测网，还有气象卫星和天气雷达。在天气预报品种方面，我国已建成精细化、无缝隙的现代气象预报预测系统，能够发布从分钟、小时到月、季、年的预报预测产品。

在科学技术迅猛发展的今天，二十四节气似乎真的变成了一种文化，似乎不再具有那么大的实用价值了。实际上，这些传统文化，我们今天不会丢，将来也不会丢。现代化的科技手段与传统的时令节气文化相辅相成，共同发挥着作用。我在西藏工作时，人们还使用藏族的天文历算，而气象部门每年进行气候预测时，也会请藏文历算的专家一起来对气候进行诊断。

我们要在继续发展现代科技的同时，将一些传统手段传承下去，不光传承文化，还传承指导农业生产的基本规则和方法，让传统和现代相辅相成、相得益彰。

妙玉茶水里的小秘密

茶文化是中国文化的重要组成部分，喝茶是一件很高雅的事情，茶叶、茶具有很多讲究，而泡茶用的水也很有讲究。《红楼梦》中关于喝茶的描写很多，其中以妙玉泡茶一段最为详尽有趣。

贾母要吃茶

《红楼梦》第 41 回“栊翠庵茶品梅花雪，怡红院劫遇母蝗虫”，其中关于喝茶的文字，写得很有意思。

贾母先是在外头和大家一起吃东西、聊天，然后进了栊翠庵，这是妙玉的居所和修行之地。气氛一下子就变了，由俗气变得高雅了，由喧闹变得清静了，这为喝茶营造了很好的氛围。喝茶的人都知道，氛围比茶还重要，所以才衍生出了茶道。

进到庵里，贾母说：“我们刚吃了酒肉，现在又到菩萨跟前来，生怕冲撞了菩萨，赶紧把你的好茶拿一杯出来吃。”在古代，进寺庙是不能吃荤腥的，但现在吃了荤腥，又进了庙里，怎么来破解这个尴尬的局面呢？对，茶！茶可以帮助消解油腻，去除荤腥，这就是贾母一进来就要喝茶的理由了。

既然是贾母要喝茶，“妙玉听了，忙去烹了茶来”。而且拿来了很精致的茶具，准备给贾母泡茶，贾母却说了一句：“我不吃六安茶。”六安茶也叫六安瓜片，是中华传统历史名茶，中国十大名茶之一，是上品、极品茶，也是清代的朝廷贡茶。这样的茶叶贾母竟然看不上，而且这个习惯妙玉也知道。于是妙玉笑着说：“知道。这是‘老君眉’。”老君眉是一种白茶，是湖南洞庭湖君山所产的白毫银针茶，精选嫩芽制成，满布毫毛，香气高爽，其味甘醇，形如长眉，故名“老君眉”。六安茶是绿茶，有清热消火的作用，而老君眉是白茶，有消脂的作用。

茶具很精美、很讲究，茶叶也非常讲究，接着就是泡茶用的水了，用什么样的水泡这样的茶才能够泡出好茶呢?

贾母接了茶，又问：“是什么水？”妙玉笑着回答道：“是旧年蠲的雨水。”

茶叶好，茶具好，水质好，就有喝茶的感觉和氛围了，就彰显出茶的高雅了。

为了表现贾母喝茶的雅，作者使用刘姥姥这个“俗人”来进行反衬，刘姥姥不仅“一口吃尽”，而且还说：“好是好，就是淡些，再熬浓些更好了。”刘姥姥这样的举动和语言引得贾母和众人都笑起来。

妙玉泡茶用的水

实际上，贾母喝茶只是栊翠庵喝茶的一个序曲，真正喝茶的场面还在后头，即妙玉为贾宝玉、林黛玉、薛宝钗三人沏茶。

贾母等人走后，“妙玉另拿出两只杯来”，这两个杯子更是讲究，是文物级别的。她把这两个考究的杯子给林黛玉和薛宝钗使用。贾宝玉使用的茶杯则是妙玉吃茶常用的“绿玉斗”，再后来又拿出一个更奇特的杯子给贾宝玉用。相比贾母使用的茶具，他们三个人使用的茶具更加考究。

只是杯子考究吗？不是！黛玉问：“这也是旧年的雨水？”就连很

挑剔的林黛玉竟然都没有品尝出茶水有什么区别。妙玉冷笑着说道：“你这么个人，竟是大俗人，连水也尝不出来。这是五年前我在玄墓蟠香寺住着，收的梅花上的雪，共得了那一鬼脸青的花瓮一瓮，总舍不得吃，埋在地下，今年夏天才开了。我只吃过一回，这是第二回了。你怎么尝不出来？隔年蠲的雨水哪有这样轻浮，如何吃得？”

听了妙玉说的话，不禁让人觉得几乎所有的人都俗了，为了泡茶，花费了这么大的气力储存雪水，这也忒麻烦了吧，难道仅仅为了雅吗？

茶道

《红楼梦》是一部伟大的文学作品，通过前文的解读，在喝茶方面可以总结出茶道的一些知识。

喝茶需要一个清静的氛围。贾母和贾宝玉来到妙玉住的栊翠庵喝茶，这里远离尘世，没有喧嚣，可以让人的心沉静下来。喝茶需要这样的沉静。

喝茶要讲究用具。对于喜欢喝茶的人来说，茶具很重要，会给人一种赏心悦目的感觉，也会让整个喝茶过程沉浸在文化和艺术气息很浓厚的氛围中。尽管文中所说的那些茶具过于奢华，但茶道确实对茶具有一定的要求。我国的茶仙陆羽将茶道分五大要旨：鉴茗、辨器、识水、煮膏、品味。

茶叶非常重要。贾母不喝六安茶，老君眉就对她的胃口。实际上，茶叶分红茶、绿茶、花茶、黄茶、白茶等很多种类，而且因为产地不同，茶树年龄不同，海拔高度、降水、光照、雾等各方面的因素不同，再加上制作工艺和保存方式不同，茶叶的品质和口感差别很大。

泡茶的水也很重要。大多数人只能用自来水或者桶装水泡茶，有条件的人会从山间采集泉水泡茶，而妙玉使用的却是雨水和雪水，这里面也有很大的学问。

喝茶要有品味，举止得体。茶代表着一种优雅，喝的时候动作的幅度不能太大，不能像刘姥姥那样端起杯子就喝，要闻，要品，要慢慢地喝。也不能喝多了，正如妙玉所说“一杯为品，二杯即是解渴的蠢物，三杯便是饮牛饮骡了”，贾母就只喝了半杯。

茶水有消脂、降火等功效。吃了肉，喝点发酵或半发酵的茶，能够让体内的脂肪迅速分解，避免脂肪堆积，造成肥胖，对身体很有好处。贾母就是在吃了酒肉之后来向妙玉讨茶喝的，一是为了避免冲撞菩萨，二是可以消化胃里的肉类食物。

当然，《红楼梦》中这段描述把茶道拔得太高了，有的地方甚至带着一点儿病态的要求和方式，这是普通人无法企及也不必刻意去追求的，我们从中了解喝茶的道理和知识即可。

甜滑的雨水

在《红楼梦》第 41 回关于品茶的文字里，我们感受到了“雅人”的奢华与乖张，在她们眼里，刘姥姥这等人俗不可耐，用过的器具甚至都要当垃圾一样丢掉。在这些乖张的举动里，我们单单来说一说妙玉在泡茶时使用的水。她没有用泉水，而是选择了雨水。按理说，妙玉要想得到一些泉水，是完全没有问题的，但为什么她选择雨水和雪水来泡茶呢？这里面到底有什么秘密呢？

好茶需要好水，所谓“水为茶之母”，这是很多人都懂的道理。明代张大复在《梅花草堂笔记·试茶》中写道：“茶性必发于水，八分之茶，遇水十分，茶亦十分矣；八分之水，试十分之茶，茶只八分耳。”

也就是说，茶叶稍微差一点儿，只要水好，依然可以泡出好茶，但如果茶很好，而水稍微差一点儿，泡的茶就差了。也就是说，没有好水绝对冲不出好茶。

贾母在喝茶前特意问："是什么水？"妙玉笑着回道："是旧年蠲的雨水。"在这里，"蠲"的意思是净化，蠲浊扬清，就是通过净化，让混浊的水变清。

用雨水来泡茶，这是古代很久远的一个传统。

北宋的苏东坡在《论雨井水》一文中写道："时雨降，多置器广庭中，所得甘滑不可名，以泼茶煮药，皆美而有益。"下雨的时候，用很多器皿接天上下的雨水，经过一定的处理和净化，就是泡茶用的好水。

在我国的南方，还有储存梅水的习惯。古代，苏浙一带的小天井里大多都置有瓮缸，每到黄梅雨的时节，家家户户用缸和瓮盛接雨水。这些水蓄存于缸或瓮内，水味经年不变。梅水甜滑，甚至胜过山泉，是最好的泡茶用水。也就是说，妙玉给贾母泡茶使用的是雨水，而雨水在泡茶方面甚至比泉水还要好。

这里需要特别说明一点，当时没有现代工业，大气基本没有被污染，收集雨水是一种很好的选择。如果现在再收集雨水来泡茶，就要格外注意了，因为大气中含有越来越多的二氧化硫等工业排放气体，很多地方甚至会降酸雨，特别是居住在城市的人，就不能收集雨水泡茶了。使用含有工业污染物的水泡茶，不仅口感很差，对人体健康也有害。

甘冷无毒的雪水

如果只是用雨水泡茶，妙玉烹茶的戏份就显得太普通、太一般了。在接待贾宝玉、林黛玉、薛宝钗的时候，妙玉泡茶所使用的水就不一般了。

喝了这杯茶，贾宝玉的感觉是什么呢？“宝玉细细吃了，果觉轻浮无比，赏赞不绝。”果然，因为水好，所以，泡出来的茶让贾宝玉“赏赞不绝”。

给贾母泡茶用的是雨水，给他们三个人泡茶用的水更讲究：（1）这是雪水；（2）这是落在梅花上的雪；（3）这是五年前收集到的水，属于“陈酿”；（4）量极少，只有一花瓮；（5）水保存得很好，埋在地下存储；（6）这是很珍贵的水，五年来第二次用这种水泡茶。

用这样的水泡茶来接待他们三位，可见妙玉确实是拿出了看家的好水。

在《本草纲目》中，李时珍对雪水的评价非常高：“腊雪密封阴处，数十年亦不坏；用水浸五谷种，耐旱不生虫；洒几席间，则蝇自去；淹藏一切果实，不蛀蠹。”“煎茶煮粥，解热止渴。”从这段文字以看出，雪水确实是一种神奇的水，可以让粮食和果实不生虫，苍蝇也被这种水赶跑了。也有医书上记载了腊月雪的功能，“腊月下的雪甘、冷、无毒，能解温毒、祛热症”。眼睛红肿，用雪水洗，红肿消失了，眼睛清亮了。常喝腊雪水，能防治老年动脉粥样硬化。生了痱子，用腊雪水涂抹，可以消肿解痒。

大家会问，不就是一点儿雪水吗？有这么神奇吗？确实很神奇！

有研究表明，稻种用雪水浸泡后，根系更加粗壮，生育期提前，株高，穗长，空壳率低。黄瓜、番茄、马铃薯、小麦等作物的种子，用雪水浸泡，都能够有效促进作物生长。不仅如此，有实验表明，用雪水喂养的小猪，一昼夜能够增重 600 克，普通水只能增重 360 克，差了 240 克。用雪水喂养母鸡，3 个月后，比普通水喂养的母鸡产蛋的数量多一倍，每个蛋的重量也多 3.3 克。

经过分析发现，雪水中的“重水（氧化氘）”含量只有普通水的四分之一，从而减少了对生物生命活动的强烈抑制作用。雪水经过冰冻，气体排出，水分子内部压力和相互作用的能量都得到进一步加强，和生物细胞内水的性质非常接近，表现出了强大的生物活性。另外，雪水中含有较多的氮化物，比雨水高5倍多，比普通水更高，是一种肥水。

用雪水烹茗，是古代文人雅士习以为常的一件雅事。白居易《晓起》一诗中写道：“融雪煎茗茶，调酥煮乳糜。”陆游《雪后煎茶》一诗中写道：“雪夜清甘涨井泉，自携茶灶自烹煎。”

现在，要想采集雨水或雪水，也是可以的，但一定要注意时机和地域：（1）要远离城市，远离污染较严重的区域；（2）第一次降水过程本身会对大气有一定的清洗作用，雨水和雪水里必然会含一些有害物质，其后的二次三次降水形成的雨水或者雪水，就是很好的采集对象；（3）存储水的容器不要用塑料制品，最好是瓷器或玻璃器皿，要封闭良好，且最好将其埋在地下或者放置在地窖中；（4）饮用这些储存雨水、雪水时，一定要先充分煮沸消毒。